世纪波
Century Wave

NICHTS IST
GEFÄHRLICHER ALS EINE IDEE,
WENN ES DIE EINZIGE IST

思想发动机

激活你的思维富矿

[德] 克里斯·布吕格（Chris Brügger）
伊日·舍雷尔（Jiri Scherer） 编著
余冰 译

電子工業出版社
Publishing House of Electronics Industry
北京 · BEIJING

图书在版编目（CIP）数据

思想发动机：激活你的思维富矿 /（德）克里斯·布吕格 (Chris Brügger),（德）伊日·舍雷尔 (Jiri Scherer) 编著；余冰译. —北京：电子工业出版社，2017.1

ISBN 978-7-121-30622-8

Ⅰ.①思…　Ⅱ.①克…　②伊…　③余…　Ⅲ.①创造性思维　Ⅳ.①B804.4

中国版本图书馆CIP数据核字（2016）第304237号

责任编辑：张　培
印　　刷：中国电影出版社印刷厂
装　　订：三河市良远印务有限公司
出版发行：电子工业出版社
　　　　　北京市海淀区万寿路173信箱　邮编100036
开　　本：720×1000　1/16　　印张：10.75　　字数：159千字
版　　次：2017年1月第1版
印　　次：2017年1月第1次印刷
定　　价：52.00元

凡所购买电子工业出版社图书有缺损问题，请向购买书店调换。若书店售缺，请与本社发行部联系，联系及邮购电话：（010）88254888，88258888。

质量投诉请发邮件至zlts@phei.com.cn，盗版侵权举报请发邮件至dbqq@phei.com.cn。

本书咨询联系方式：（010）88254199，sjb@phei.com.cn

《思想发动机》是一本关于创造力的书。即使您认为自己不具备创造力，您也身处于创造的过程中。请您体验一下，启动您的思想发动机；感受一下，创造新想法是多么容易。《思想发动机》可以保证，它给您带来乐趣，能启发您，也能给您带来惊喜。

前　言

十年来，我们一直在致力于探索思想发动机中的创造力这一主题。如今，我们认为，是时候把我们积累的知识成果在这本新书中做一个总结了！

有一点从一开始我们就了然于心，那些脱离实际而将创造力理论化的初级入门读本已经够多了。因此，我们的决定是，我们的这本书必将与之不同。它不仅探讨了创造力，它本身就具有创造力。

我将这本书命名为“思想发动机”。这个书名象征着一种力量，希望人们借助这种力量发挥创造力，让一切活起来。因为，这个关于创造力的主题给了我们一个强有力的阐述：创造力如同汽油一样，作为燃料，可以推动个人或者企业向前发展。西班牙作家何塞·马利亚·希龙内利亚（José María Gironella）曾说过：“把一个具有创造力的灵感塞进某人的头脑里比往他口袋塞一枚硬币要好得多。”他说的没错！

“思想发动机”一词将我们日常工作中的一种核心认知表达得淋漓尽致：创造力是可以训练的。人们可以提高创造力的工作效率，正如可以提高发动机的功率一样。“思想发动机”一词中融合了大脑（人类有机体的思想中枢）与心脏（人类有机体的发动机）的特性。本书的核心思想已然高度凝结在题目中：创造力既与头脑有关，也与心智有关！

从内容结构来看，此书旨在阐释传统的内燃发动机的工作原理。它由四部分组成：吸气、压缩、激活、排气。第一部分“吸气”以轻松有趣的方式引入主题：创造力是什么？我们的大脑如何运转？灵活思考意味着什么？典型的创造力杀手是什么样子？在哪些前提条件下创造力才能得到最好的发挥？

第二部分“压缩”围绕着一个问题展开，即如何把有创造力的知识转化为人们可以明确理解且发挥效用的“武器”。人们需要了解，如何让创造力的能量不轻易烟消云散？人们如何以及从哪里获得灵感？人们如何通过视觉思考认识创造力问题的核心？

第三部分“激活”中引入了精选出的创造力技能：启发性单词分析、视觉举例法、语义直觉、书写式头脑风暴法、奥斯本清单、客户效应矩阵、概念提取法。

第四部分“排气”指出了一条由创造性思维通向创新，由雏形到成品的道路。如何使潜在的合作伙伴对我的创意感兴趣？如何成功地令人信服地完成工作？

在每部分，您还能读到与文化、经济领域中那些极具创造力的人物的访谈内容，与作家、设计师和企业家之间进行的有趣的和富有启发的对话，学会在理论与实践之间如何架起桥梁。《思想发动机》这本书从不同的视角阐释了创造力。一本书中凝聚了许多：教科书、参考书、灵感源泉、智囊、私人教练、动力与鼓励。这本书不仅能让您在技能上获益良多，还希望能带给您许多乐趣。

祝您有一个愉快的阅读体验！

目 录

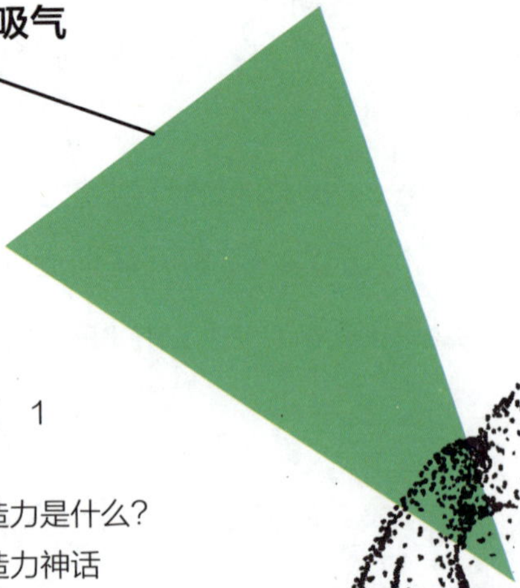

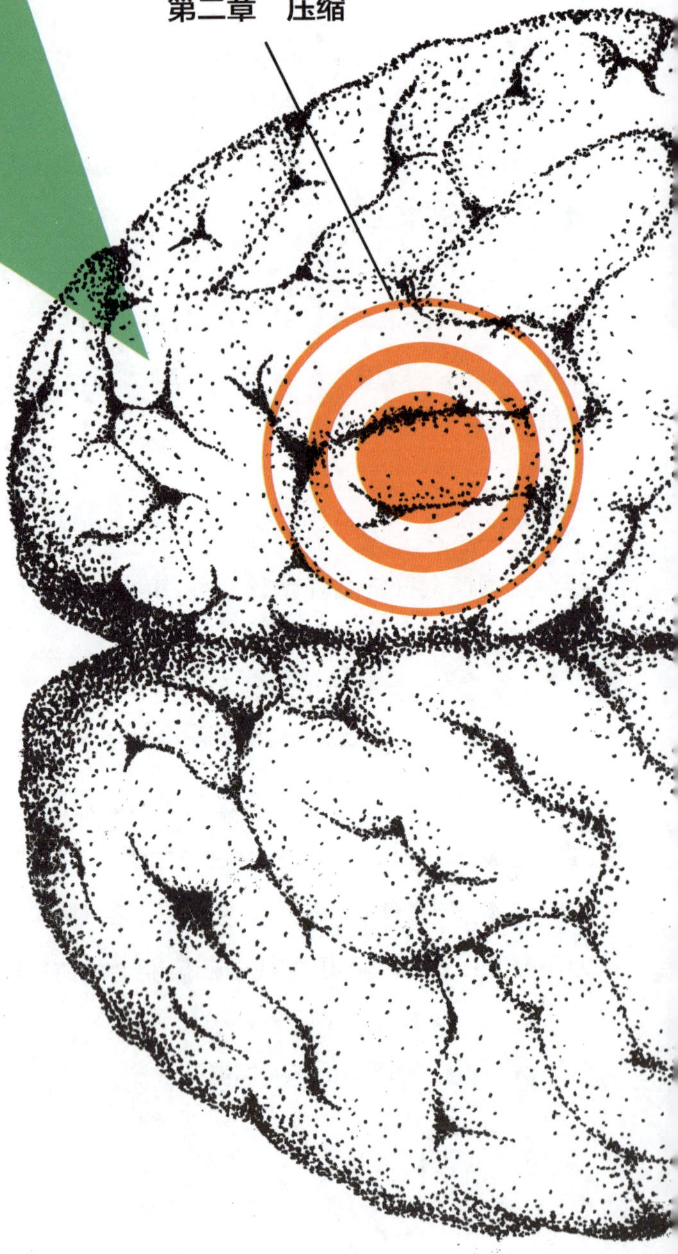

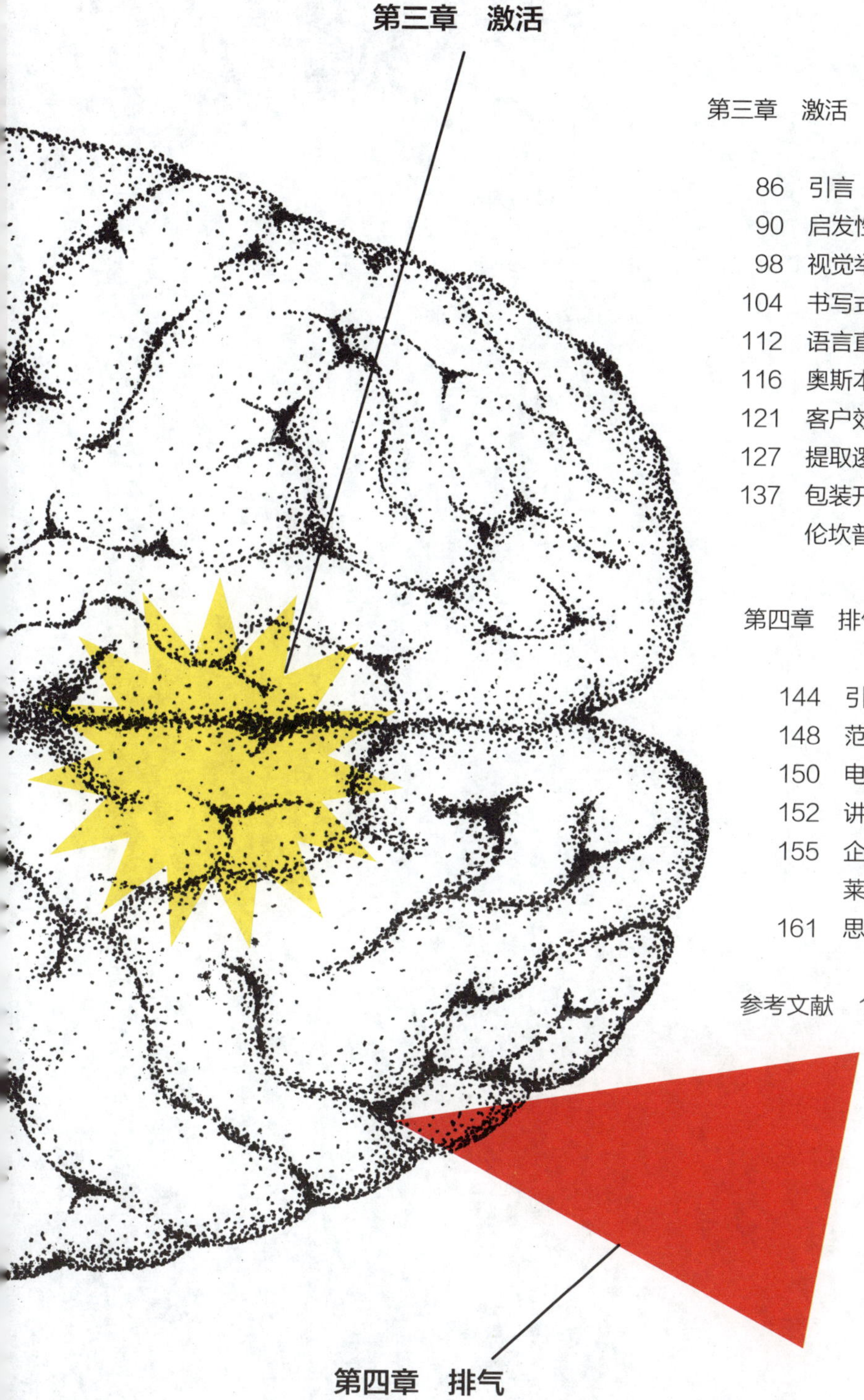
第三章　激活
第四章　排气

第一章 吸气

创造力是什么？

创造性的一击

人们可以通过阅读、参与研讨会来理解创造力。或者，给自己放一晚上的假去看场球赛。

1995 年 9 月 6 日，这是个星期三。事件发生地点：伦敦温布利球场。20 038 名球迷聚集在这所英国足球的圣殿共飨英格兰与哥伦比亚国家队之间的一场国际赛事。

假如在一脚精巧的英式传球之后，球没有突然落在杰米 · 雷德克纳普的脚下，那么今天就不会有人记得这场比赛。这位利物浦队的中场球员距离哥伦比亚的球门恰好 20 米。他没有继续传球而是选择了远射。球似乎要直奔网窝，观众屏住呼吸，马上就要进球了。

哥伦比亚的球门前站着何赛 · 雷内 · 伊基塔 · 萨帕塔，绰号：疯子。他的标志是一头狂野的黑色卷发和一条像是从波哥大的贫民窟里某个二手衣店偷来的运动裤。

伊基塔的绰号“疯子”不是空穴来风。这个古怪的守门员热爱冒险。身为一名守门员他的射门次数已超越了中等水平的前锋。雷内 · 伊基塔看到杰米 · 雷德克纳普的一脚远射飞向自己。他判定这位英国射手越位却并未听到裁判的哨声。一瞬间的愤怒搅乱了他的思绪。按理说，伊基塔可以有以下几种防守选择：双手接球，或将球击出，或者胸部停球，然后再令人厌恶地一脚开出这一更大胆的方式。

是什么成就了“疯子”？他没有选择以上任何一种！雷内·伊基塔选择了足以载入史册的和历代守门员中最不可思议的方式。他身体鱼跃前倾，用脚后跟将球踢出大门。这一举动难以用足球术语形容。于是，人们赋予了它一个新名字：蝎子摆尾！

伊基塔的一击是独一无二的、令人震惊的、勇猛无畏的、充满冒险家精神的，在教练的眼中也是可以引起突发心脏病的。总而言之，它意味着一点：创造性！

事实上，在毫不知情的状况下，雷内·伊基塔于 1995 年 9 月 6 日在伦敦温布利球场给我们展现了一个创造力的真实范例。他艺术性的防守反应包含了现代创造力研究中所有的创造性行为：多角度思考，通过刺激打破思维模式，承受失败的勇气。

伊基塔的奇袭得益于一个推动创造力的“企业文化”，从宽容的队友到抗击打能力强和内心强大的教练。“蝎子摆尾”也说明，创造力通常来说是创造性过程的成果。哥伦比亚的“国门”职业生涯中参加过数百场比赛，而这一战让他载入史册。

“蝎子摆尾”也证明了，创造力是可以训练出来的。“疯子”的杂耍般表演虽然是本能、天赋、偶然因素、外界刺激和天生狂野的本性之间一次性结合的产物，只有拥有了这些技术能力和运动能力，才能做出“蝎子摆尾”那样的动作。但是哥伦比亚国门也是经过多年的训练一步步掌握这样的能力的。

足球场上的道理，也适用于您的工作。不过请不要误解我们，并不是说必须变成疯子才能获得创造力。您不需要有夸张的发型，也不用通过穿破烂裤子来获得灵感。

您只需要知道创造性思考的基本原则；您只需要知道，我们的大脑是如何工作的，如何巧妙地战胜天生的惰性；您只需要明白，创造性并非上天赐予的礼物，而是一种可以训练出来的能力；您只需要清楚，创造力和失败是硬币的两面；您只需要知道，合适的条件和与之适应的企业文化能够不断催生出创造力。与之相反，缺少这些条件，再努力的尝试也会不可避免地遭遇创造力的枯竭。这一切虽然不会给您带来像“疯子”的“蝎子摆尾”那样的名声，但您很有可能会变成一位十分受欢迎的员工，同事们与您一起工作会变得更有创造力。

Illustration: 8bit-football.com

►创造力神话◄

一些事实

1. 我们每个人都拥有创造性潜质。我们孩提时都曾天真，都富有创造力，可是这种与生俱来的天赋却随着时间的流逝离我们远去。我们所受的教育要对此负责——“人们不这样做事情！”——抑或，我们的学校教育告诉我们，“这样是对的，那样是错的！”

2. 创造力与艺术家的天赋不是一回事。创造力是一种能打破固有思维模式的能力。这是一种特殊的思维方式，通过这种思考可以获得新颖的、不寻常的答案。这样的答案无论在何处都能得到青睐。不同的是，艺术领域的天赋就如工程师的能力一样。

3. 创造性的思维帮助我们向前发展。倘若人们做所有事情都按照惯例，那么人们面临新的挑战时就无法给出新的解决方法。谁能创造性地思考，就能更好地适应这个瞬息万变的世界。

4. 有创造力的人容易找到新的灵感，具备把瞬间灵感切实地付诸实践的能力才能取得成功。只有这样才能把灵感转化为创新。除了创造力之外，还有一系列其他天赋必不可少。

5. 一个有创造力的方案往往要经历好多个步骤：首先进行分析，然后是构思、筛选，最后是付诸实践。我们常常无意识地经历这些过程并度过一段较长的时间。

6. 没有无中生有这回事。一个新的想法总是产生于对已有的知识和积累的经验的组合、变换或者异化。

7. 创造力就像肌肉一样，越常锻炼就越强壮。

8. 就是这样！

创造力让人无能为力

许多神话缠绕在创造力之上。不过，人们所说的并非都真实。

1. 每个人都有与生俱来的创造力。

E 是 | R 否

2. 创造力属于艺术的范畴。

A 是 | I 否

3. 创造力仅对某些人很重要。

I 是 | S 否

4. 创造力是成功的保证。

Z 是 | P 否

5. 创造力是一个过程。

R 是 | F 否

6. 创造力是对熟悉事物的组合。

U 是 | C 否

7. 创造力可以提升。

N 是 | K 否

8. 创造力令人拥有性感的魅力。

G 是 | P 否

1	2	3	4	5	6	7	8

逃离思维定式

习惯的奴隶

您绝不要轻易地被愚弄和摆布。即使您的大脑吹嘘自己拥有数十亿的神经元和数万亿的神经键，它本质上其实也只是一个懒于思考的习惯的奴隶。您需要刺激它，将它从固有的陈规旧俗中解脱出来。

假如把您的大脑想象成一个人，您认为他会是个什么类型的人呢？是一个勤奋的求知若渴的赶着上课的学生？是一个穿梭于展览与博物馆中睁大眼睛观赏的艺术爱好者？是一个整日苦苦钻研思索新鲜事物的天才发明家？还是一个渴望寻找冒险与乐趣的有吸引力的夜猫子？

可惜我们不得不让您失望，您的大脑并不属于以上任何一种类型。它并不想与您亲近。您所想象的大脑是一个有进取心的善于辞令的漂亮的超模，然而，您真实的大脑却与之大相径庭。

您的大脑是一个“沙发土豆”，是一个懒骨头。坦白地说，很难让它的屁股从沙发上抬起来。它是一个迟钝冷漠的令人厌烦的人，宁愿待在房间里舒服地坐在电视机前，面前摆着一盘零食，手里握着遥控器。零食依旧还是那老几样——您没想到给它凭空添点新品种。这个懒汉就连调换频道时都没有新的尝试，永远都是一成不变的让他感到幸福的电视节目和连续剧。如果必须给您的大脑起个名字——没有比艾尔·邦迪（Al Bundy）更合适的名字了！

不过，您的大脑并不邪恶。它只是有很好的理由可以犯懒，舒适感对于它来说比生命还重要。

我们的大脑能熟练地进行惯性思考。它是创造惯性的模范生。我们所有的经验都被细化归类，存入我们大脑里巨大的数据库中。我们的大脑被设定为自动把新的感受归入我们记忆中已有的思考模式。当我们面临一个新的挑战时，大脑宁愿在巨大的数据库中去搜寻过去类似问题的解决方法，而不是寻找新的方式。因为这样不费力，而且不影响它自动进行的思考。假如我们的大脑不按照已有的思维惯

性工作，那么我们便无法掌控自己的日常生活了，更谈不上理解这段文字了。（以上这段文字在原文中故意拼写错位，以彰显创造性的内容和形式设计，为了不影响读者的阅读，在翻译时已修正。——译者注）

您的大脑把懒惰推向了极致。所以，您需要时不时地给大脑加一些刺激和动力，这样可以让它离开自己编织的那张网。因为这些基于过往经验的惯性重复，越简化您的日常生活，就越阻碍您的创造力。

重复的思维能激活您的习惯性思维，而不是原始的灵感。这是一种纯粹的分析方法，仅从过往的基础经验里选择最有希望解决问题的方案。然而，这一方法从一开始就将具有创意的答案拒之门外了。您能忘掉多少过去的经验，就能拥有多少创造力。

天才不重复思考，而是创造性地思考。他们不断地寻找新的方式与可能性。知识、经验以及与之相关的偏见阻碍了创造力前进的脚步。因此，这句话才有价值：您能忘掉多少经验，就能收获多少创造力。或许，我们已经跟您说过这句话了！

您需要点刺激才能脱离固有的思维模式。一个能让您思维跳跃的外在刺激。这样的刺激可以是砸到裁判眼睛上的西红柿。您想起我们的朋友伊基塔了吗？有时，一个刺激也可以在无意识的情况下发挥作用。这里指的就是人们所说的灵光一闪。但是，您别指望灵感会在大晴天降临。更高明的做法是您有意地引入一些刺激感。最简单的实现方式就是，您可以借助我们接下来具体介绍的各种创造力技巧。

逃离思维定式

抽屉里的思维模式

- 我们可以处理那些我们并未准确了解的事物
- 我们可以认识到其中的关系
- 我们可以很快地调取学过的东西

这比生命还重要，这样我们就不用一直学习东西了

我们每天都要接收上千条信息

并将其归纳到已有的定式中

如果需要处理那些没有定式的新内容

我们的大脑必须打开一个新的抽屉

人们称之为“学习”

形象的描述

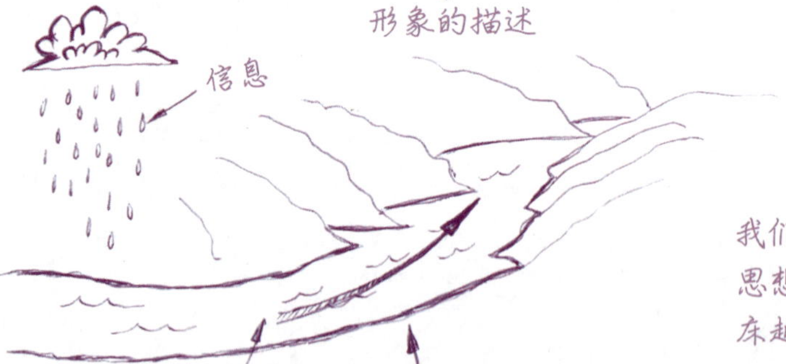

信息

记忆、经验和已经学到的知识的洪流

思维定式，思考方向

神经键在大脑中被使用得越多，它就会变得越宽

我们的经验越多，思想的洪流侵入河床越深

思维的流动并不灵活，打破已有的思维定式会越来越难

为了能够获得新颖的有创造力的想法，就需要避开已经适应的思维方式

↓

怎么做？

使用跳跃思维的方式

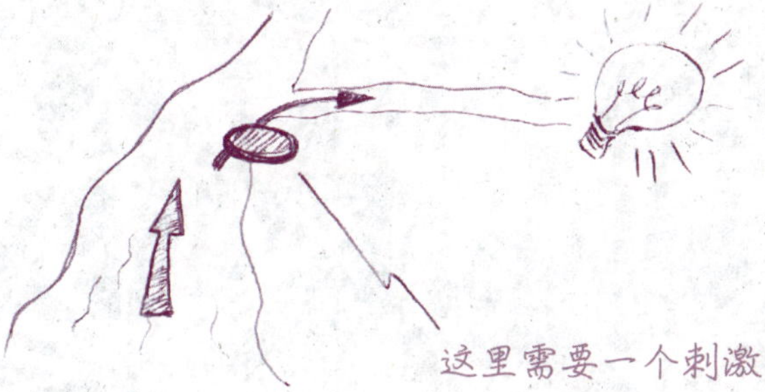

这里需要一个刺激（红点）来实现思维跳跃

这个刺激可以是无意的（灵光一现、*Eureka*“我找到了！”时刻，阿基米德发现浮力的时刻）

或者是刻意的出现（在激发创造力的方法的帮助下）

刺激 = 一个词语

一张图片

团队成员的一句话

一个声音

⋮

Illustration: Jean-Philippe Hagmann

▶灵活思考◀

晴天时往往不会灵感乍现！创造性寻找灵感的过程就如同在干草垛中寻针一般。这可能是一件非常辛苦的事。您先在这张图片中找一找吧，针插在哪里了？

找到了!

恭喜您，失败者！

啊，这太简单了！您不需要 30 秒就可以找出那根针。令人敬佩，您的确火眼金睛。

令人遗憾的是，目光锐利并不适用于测试创造力。更具有决定性的能力是灵活思考。只有在得出一个明确答案后继续寻找更多的可能性时，创造力才会出现。

这与我们的自然常态相悖。一般情况下，我们根本不愿意思考。一旦我们产生了一个可行的想法，就很难再考虑其他的可能性。拥有多种可能性意味着不要立刻行动，而是先进行考虑与选择。这样会导致耗时、费力、麻烦，而且会让人犹豫不决。我们快速认出与识别事物的初始本能，以及我们尽可能高效工作的需求阻挡了我们的创造力。

顺便说一句，干草垛里藏着 5 根针。

第一条准则：

不要爱上您的第一个想法

甜点创意师萨拉 · 霍秋利

所有事物都能给我灵感。

萨拉 · 霍秋利是苏黎世一家名为 Les Gourmandises de Miyuko 咖啡馆的经营者和所有者。这位专业的插图设计师在糕点、甜点技艺、化妆以及假发制作方面进行了深造。从 2005 年起，萨拉 · 霍秋利把她对漫画的理解以及对日本的印象与她作为糕点师、插画师和设计师的工作结合了起来。萨拉 · 霍秋利的第二个创造性的支柱产业是一家名为“雕塑头发”的艺术发型工作室。

您何时第一次发现自己拥有创造性的天赋？**在我小的时候就已经有创造力了——我常去绘画工作室，和妈妈一起做手工，而且还拥有一个儿童烤箱。所以，我根本不需要发现自己的创造力天赋——它本来就在我的血液里流淌。**

您个人如何定义创造力？**发明和创造——唤醒生活的灵感。**

在生活中能创造性地工作对您意味着什么？**它对我意味着全部。创造力推动着我，在生活的方方面面都给我能量与动力。**

您是一个专业的插图设计师，在艺术发型工作室工作，同时您也是蛋糕与甜点师，而且在苏黎世拥有自己的咖啡店。您的创造力在不同的职业领域中有区别吗，或者它在本质上就是一种呢？**这些手艺当然是有区别的，而且都需要学习。我在寻找灵感时，常常会从视觉与艺术的角度入手。因此，创造性的工作最终都是一样的，无论是在纸上、蛋糕上还是假发上创作。**

您的创造力只是体现在您不同的工作中，还是在您的生活风格中有所展现呢？**有些艺术家虽然作画，但是家中四壁却没挂一幅画。我不是这种类型。我会设计自己的生活环境。朋友与家人能立即认出我的字迹。无论是在家、在工作场所还是在其他地方，都是一样。我需要不断地从外界获得灵感。当我去旅行时，在大都市中，我会去看看艺术家们的作品，运气好的话，还能从中获得启发。**

您的创意蛋糕不仅吃起来非常美味，而且还是视觉的饕餮盛宴。您的灵感来源于哪里？**一切事物都能给我灵感。视觉的构建常常在进行。这是蛋糕与甜点中最棒的地方。它们不是填饱肚子的食物，而是一些美好的填补——甜美的诱惑、生活方式、讨好眼睛的事物。**

您如何创造蛋糕配方？您如何调整配料？**茶、水果和蔬菜的组合有无限的可能性。我往往会偶然发现新的组合方式。我会尝试，而且有时连自己都感到惊讶，这些组合会这么美味。**

您有意识地寻找新的（味道）组合吗？或者，您的创意蛋糕是对已有品种的继承和发展吗？**两者皆有。创造一个美味的新世界虽然是不可能的，但是我们却时常收获惊喜。比如，我们品尝茶的配方：茶不仅可以喝，还可以吃。只要去尝试就可以得到新的伟大的味觉体验，因为茶可以如同巧克力和香草一样有令人心醉和细腻的口感。**

怎样的蛋糕配方是有创造性的，什么样的不是？**异域风情并不都具有创造力。我想要倾尽全力变得独特且有创意。然而，这些配方常常是天马行空。我相信有些基础配方不需要改进。一个有创造性的配方应该是令人惊艳而且能够撩动味觉的。**

烘焙通常被视为一项“精密科学”。人们必须严格地按照配方制作才能制作出美食。您认为一份个人独特的烘焙手记有什么意义吗？**比如，我在家做意大利面，就会有多种可能性。可是，在烘焙时，我喜欢精细与准确。我喜欢漂亮的面团与合适的大小。这或许听起来有些抽象，不容易理解——不过，激情洋溢的烘焙师一定明白我在说什么。**

创造力的定义是，创造力意味着灵活思考。这一点符合您的工作吗？**思考，酝酿想法，推翻，然后再投入新的灵感——这就是一个创造性历程的开端。只有这样，我才能在做具体工作时顺利推进。当我用自己的双手揉捏、造型、烘烤时，才会发现一个想法是否能够成功。如果进行顺利的话，就没有人能阻挡我继续下去。如果没有成功，这也不可避免，我会放弃这个创意，即使是花了一番心思才想到的。**

谜 语

您可以这样烘焙！

Miyuko 梨子蛋糕

10 到 12 人份的配方：

- 放入一个在上面铺好烤箱纸的烤盘（直径 24cm）
- 把 5 枚鸡蛋、200 克糖，半个柠檬放入擦干的碗中并用力搅拌成泡沫状
- 将 250 克磨碎的榛子、250 克小梨块、50 克粗磨的核桃、一茶匙磨碎的姜混合并调入蛋液
- 把 70 克面粉、一茶匙烘焙粉、半茶匙肉桂、一小撮丁香花粉、一小撮小豆蔻滤入蛋液，小心地搅拌
- 将 5 个蛋白和一点点盐打成黏稠状，小心地混合所有配料
- 将烤箱调至 180℃循环预热
- 将梨子蛋糕烤 50 分钟到 55 分钟并冷却
- 将蛋糕从模子取出置于网格盘上

现在，证明您的魄力和勇气吧！

您的厨房飘着蛋糕的香气！看来您已经成功完成了萨拉 · 霍秋利的梨子创意蛋糕。恭喜您！

不过，别高兴得太早。您现在还不能享受这美味的蛋糕。因为 Miyuko 梨子蛋糕有这样一个故事，它背负着一个神秘的魔咒。只有成功地用三刀把它切成八块才可以吃掉它。

现在只有以下方法可以帮您：

敏锐地仔细思考和发挥创造力！

创造过程

300

165

16670

2332

托马斯·爱迪生
有 2 332 项专利发明

西格蒙德·弗洛伊德
出版了近 330 部著作

330

少
并不
就是
多。

数量代替质量！假如您想要变得有创造力，那么您就不要浪费时间等待有创造性的灵感的到来。因为获得好灵感的最好的方法是拥有很多想法。让您的思绪自由奔跑，无论您的想法是否成熟。只有当您没有勇气表达的时候，它才是一个笨主意。

阿尔伯特·爱因斯坦
发表了包括相对论在
内的 248 份论文

248

约翰·塞巴斯蒂安·巴赫
创作了 300 首清唱剧。

300

亚伯拉罕·马斯洛
写了 165 部作品。

165

16670

巴布罗·毕加索
的著名作品有
16 670 件。

创造力是可以训练的

第二条准则：
尽可能多地寻找灵感

救命，我旁边的人（公交车上）有超能力！

您可以尝试着想象一下身边陌生人的奇幻故事。例如，在公交车上坐在您身旁的那位正在去上班的路上。他会有什么异于常人的能力呢？他到目前为止都干了些什么？他现在要去执行什么秘密任务？

请让您的答案富于想象力！为这人构造一个简短而奇妙的故事，并丰富它。这样可以让您的想象力保持活力！

您是否感觉自己偶尔在应对创造性工作时有些吃力？那么，您就需要训练这项能力。因为创造力就像您的肌肉一样会越练越强大。

倘若令人惊艳的灵感迟迟不肯到来，那么借口马上就来了："我就是没有创造力！"一个错误的观点如今依旧广为流传，创造力是上天赐予的礼物。它是一种天生的才能，是艺术家、时装设计师、广告策划师、插画师、作家、音乐家和哥伦比亚的守门员才拥有的天赋。

不过，这个观点是错误的。每个人身上都有创造性潜质。当然，创造力是一种天赋，一种才华；而且，还是一种生活态度。但是它让所有人都中意。而这并不意味着，不是所以人都能通过目标明确的练习提高创造性思维能力。

发掘创造力

发掘创造力跟做运动很相似，有一些 1 000 米赛跑运动员天生就比别的运动员跑得快。当然，也有一些人很容易就能拥有创造性思维。假如您从今天开始每日晨跑半个小时，五年后您也只能看到一个肯尼亚顶尖赛跑运动员的鞋跟。不过，您个人的赛跑成绩一定有明显的提高。同样，您的创造性思考能力也可以这样提高。

即使您的身体依据基因的构造——更像丹尼 · 德 · 维托而不是阿诺德 · 施瓦辛格——您也不要在通往创造力健身房的道路上有所顾虑。您可以躺在灵感的哑铃椅上，用您具有创造性的臂力支撑您的想象力。想要成为宇宙先生的话，这远远不够，但是，绝对能让您在职场的创造力的运动场上展现自己的好身材。

几年前，一家世界顶尖的石油公司抱怨科研领域太缺乏创造力，太多的工作人员都缺乏有创造力的想法。公司领导层聘请了一个心理学专家团队来研究如何区分有创造力的和没有创造力的员工。三个月后，心理学家们得出了一个令人震撼的结论：这两类人中最大的区别在于他们的自我评价。有创造力的人认为自己具有创造力。然而，缺乏创造力的人不这样认为。想要拥有创造力，不仅需要天赋和练习，还需要与之相配的观点和态度。自信和自卑在很大程度上影响了创造性能力。假如您的内心想要说服您，判定您没有创造力，那么请您小心了：它在对您说谎。

关键在于态度。

杀手用语的攻击

它们是每一个创造性灵感最大的敌人。它们埋伏在您的周围，在您自己的脑海里，在会议室里，在领导层里。它们的部队容易引起恐慌。刻薄伤人的杀手指令能用爆炸性的语言无情地将创意摧毁。恶意和挖苦的嘲笑防御，推动着承载着幽默的火箭筒飞向嘲笑的王国。口才上重武器装备的提案者，在会议室里构建着精神上高度安全的堡垒，没有一个创意能活着离开。只有一点可以帮您：聪明的反击。

创意存在一个问题：它们在萌芽期就面临着死亡。内在的思维障碍、传统的条条框框、明显的安全思考、僵化的等级意识、时间压力、对方法的依赖、完美主义和内心涌动的战壕战，这一切通常将创意扼杀在酝酿期中。

这种有些下意识的对创新的反感就体现在杀手用语中。虽然这些语言并不是恶意的，也只是常常顺便说起，可它却有巨大的杀伤力。一个仓促的“但是”，一个过早提出的批判性问题，由于资金短缺而皱起眉头的暗示——最好的创意在此时已经宣告死亡。

每一个创意都需要支持和保护。所以，请您小心留意杀手用语，保护您或者您的同事的创意丰富度，让它不要轻易被这样的杀手语言打败。

请您变得有创造力。

作为专业人士我可以告诉您……

专家是这类人，他们只能在事后清楚地解释为什么犯错。

这个我们去年已经研究过了。

不敢尝试第二次的人，第一次尝试也仅是徒劳而已。

您在想什么，我们在哪里？

在一架即将起飞的飞机上，但是可惜机长有飞行恐惧症。

我们从来没有这样做过。

不懂得改变方向的人，只能永远在原地打转。

您自己决定！

这没有您想得那么简单。

答案永远都不难，但是人们必须付出努力才能找到它。

这样不行！

假如您是亚历山大·格拉汉姆·贝尔，我们恐怕今天还得用烟雾信号交流。

我们没钱做这件事。

不投资理想的人，永远都不会有钱。

哈哈哈！

住嘴，傻子！

第三条准则：
别太早批判
创意

企业文化

环境的问题

创造力就像一根葡萄藤，如果天气不好，它就没法繁茂生长。

您上次品尝芬兰的顶级红酒是什么时候？或许，您还没尝试过？这您应该要品尝一下！西欧喜爱享受美酒与美食的人鲜少品尝芬兰红酒。倘若有机会品尝这种红酒，您就需要发挥创造力去享受它。请您注意啊！

如今，人们已经不再质疑芬兰人对酒精类饮料和特级红酒之间的姻缘。完全相反！即使是在赫尔辛基和罗瓦涅米之间生活的人们——如果他们刚好不能喝高浓度酒时——也可以时常小酌一下。然而，以下这个事实并没有改变：葡萄种植者吉斯·马柯能（Jussi Makkonen）仍具有对葡萄敏锐的鉴别力——虽然他在芬兰冻原的永冻冰层上无法持续地种葡萄和酿酒。

然而，在阳光充足的斜坡和矿物质丰富的土地上也很难种出好葡萄。假如酿酒师乔凡尼·罗西（Giovanni Rossi）拥有比萨师傅的天赋，在葡萄园里发挥自己的干劲，像意大利假摔的足球运动员一样躺在地上为了让球队保持 1 比 0 的领先，那么基安地（一种意大利红酒）就不再是经典，品酒就像是在体验一个经典的乌龙球。

创造力是公平的，创意不可能按一下按钮就出现。如果企业氛围不好而且员工表现不好的话，灵感就不会涌出。

一个人如果想要全面开发他的创造力潜质的话，他必须要有动力、有能力和有平台。为了拥有创造力，他需要有个人动因，有意识地去质疑舒服的思维方式。

个人

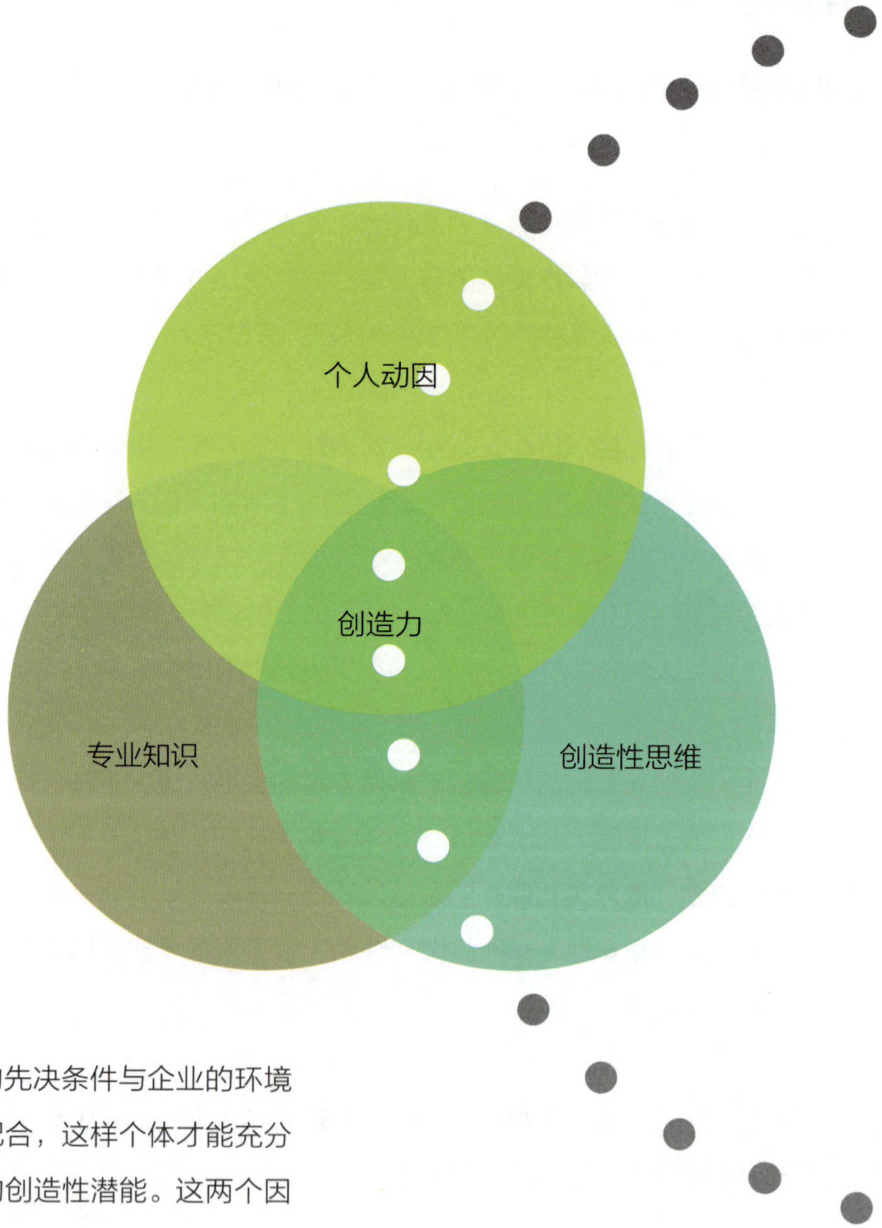

个人的先决条件与企业的环境必须互相配合，这样个体才能充分发挥自己的创造性潜能。这两个因素相互影响。

企业

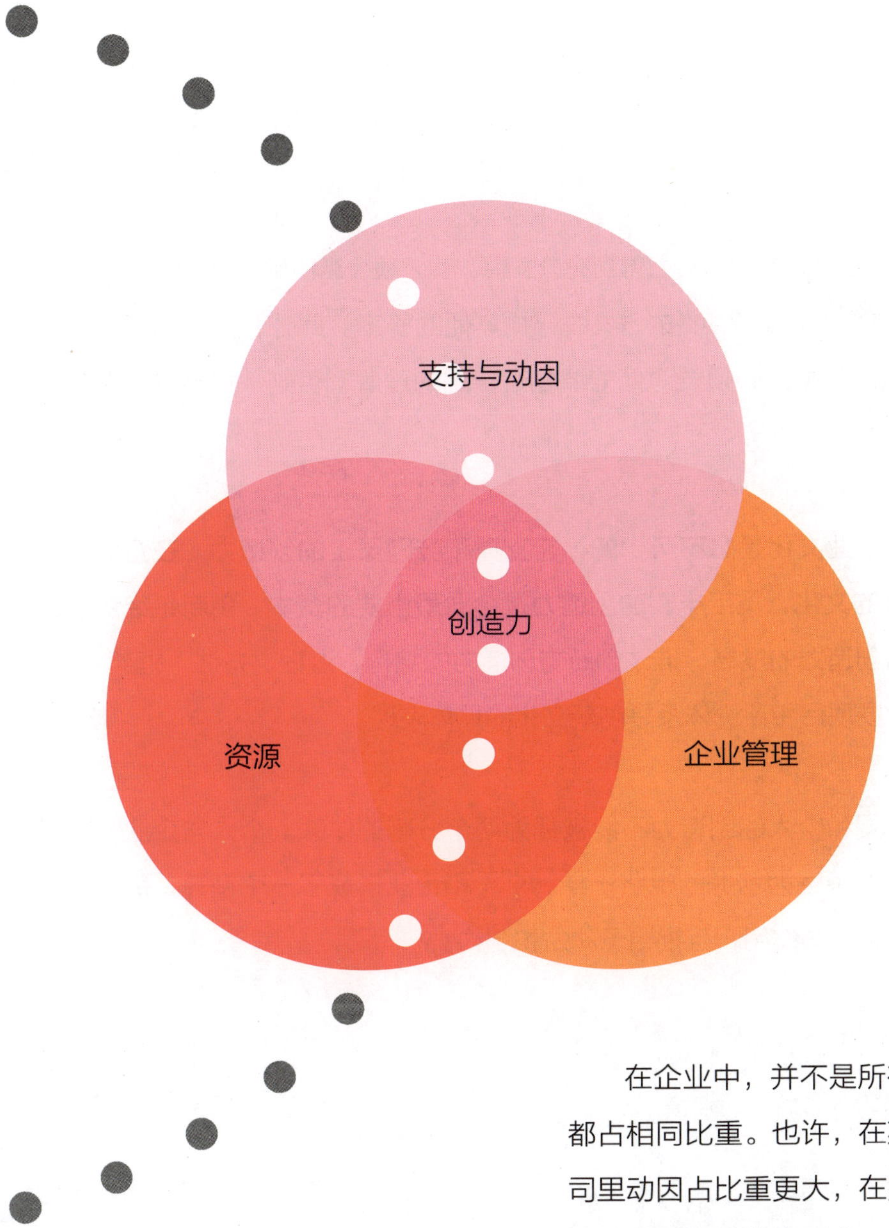

在企业中，并不是所有的因素都占相同比重。也许，在某一个公司里动因占比重更大，在另一家公司可供使用的资源更多。在专业知识领域并不会有很大的改变。

因此，要想使人的创造潜力得到充分发挥，就必须经常使用。他需要自我激励，需要有创新的意愿，需要便携的方式去寻找其他的答案。此外，他也需要不可或缺的专业知识。员工必须要对他的课题有一定的理解。否则，提出的建议都是文不对题的。

当然，企业文化是必不可少的，它支撑和鼓励员工的创造力。在企业中需要一种创新的文化，员工丰富的创造力是企业最重要的资本。创新是经济的发条，推动着创造力的发展。推动创新与创造力的结构、过程、方法、框架条件、自由度、发展项目和评价体系是创新文化的具体表现。

工作范围和个人的创造力不能被视为两个分割的体系。个人与企业紧密相连——就像两条互为前提的电路一样。个人和企业形成了一个循环，每一个环节唇齿相依，共同作用，互相给予动力和制约。

如何产生一个想法？

勤洗澡的人更有创造力

您对自己的创造力不满意？那请您下次不要太集中注意力。

尼尔 · 法兰奇（Neil French）在 16 岁的时候被赶出了学校。他曾帮人收过房租，做过保安、服务员、歌手、摇滚乐队的经理，之后他开始专门写广告语。

当尼尔 · 法兰奇收到一项新的委托任务时，他通常会严格遵守以下准则：他尽量避免直接动笔就写，而是先去玩一会儿桌球，或者从地下室拿一瓶红酒，最好是里奥哈（Rioja）。他往一个昂贵的大红酒杯里倒一些红酒，然后用力摇一摇杯子。当整瓶红酒都喝完了，那就是小睡一会儿的好时候。等到尼尔 · 法兰奇再次睡醒，他才会开始工作。

艾德里安 · 霍姆斯（Adrian Holmes）也是广告词作者，他有另外一种工作方式。当艾德里安 · 霍姆斯接到一项任务，他会拿一张贝多芬的弦乐四重奏唱片放到唱片机里，拧开他的 1936 年产的 Waterman 钢笔的笔盖，吸入普鲁士蓝的钢笔水。

几个小时之后就可以检查第一份成果了，有些随意的八轴全轮驱动的月球车结构草图，或者是心不在焉的随意写的句子开头。然后他把这些都划掉，接着把这些划掉的部分再用钢笔画出来，一个很漂亮的象棋棋盘设计成品就出现了。等到几天之后他的老板气愤地出现在门口，冲着拖稿很长时间的他大喊大叫的时候，艾德里安·霍姆斯才开始动笔创作。

这两个例子并不是要为那些不遵守时间的不负责任行为辩护，而是想说明，创造性的想法是如何在我们的脑子中出现的。

当我们问别人是如何想到一个好点子时，我们通常会听到一个似乎很有“逻辑”的故事，“上周六我在周末的市场上走过一个卖西葫芦的摊子，我突然想到了一个新款情趣用品的点子。”这样的说辞很常见，即使他们说的并不一定是真的。大脑——我们的意识——一般会自动创造一些故事来把（可能的）原因和结果很有逻辑地联系在一起。事实上，一个想法的生成常常比我们预计需要的时间更长，许多想法都发生在无意识当中。多数情况下我们都不知道到底是什么触发了脑中的闪光点。

为了理解这一切，就必须知道想法到底是什么。原则上讲，一个想法就是大脑中的一个网络。我们每一个灵光闪现都是由我们脑中存储的所有经验触发的，这些经验在脑中以不同形式连接在一起。没有什么想法是完全新的。现在人们把创造力称为一门把不同生活领域的知识、经验融汇成新想法的艺术，或者用比尔·盖茨的话来说，“创造力是信息的新组合。”

奥古斯特·罗丹著名的雕像“思想者”把一个思考的人展示成为一个孤独的天才，让人印象深刻，但它所传递的关于创造性思考能力的信息其实是错误的。

因为这么一个雕刻在石头上的人如此费力的苦思冥想，等这一天结束后，他很有可能会头疼得不行，而一个有创造力的想法几乎是不会来自一个疼痛的脑子的。

如果生活中的每个空闲时间您都花费在翻看专业文章上，比如关于制冷技术，那么您获得有关新型冰箱的创新想法的可能性，远不如您时不时地把书本放到一边，去电影院看场电影，看场摇滚演唱会或者去趟街角的酒吧。您越是经常远离专业知识领域，越是会经常进入一个陌生的世界，认识越多的人，那么您脑中的经验和知识网络就会越大，分支越多，也就会有更大的机会在适合的时间找到存储的信息带来灵光闪现。

想法生成的过程并不是一个人可以完成的，即使您希望尽可能地保护自己的想法，那也请您不要这样做。您应该与其他人分享您的想法，并创造出新的联系，因为想法和知识是仅有的越分享越多的东西。强迫捆绑思考能力会阻碍创造力的发展。所以您应该时不时地远离您正在思考的问题，走走神、放松一下，不要总是那么精力集中，短暂地忘记您的工作，然后您就会发现，最好的想法往往会在最不可能出现的地方不经意地到来：在加油站、动物园、墓地、面包店，特别是洗澡的时候。

灵感
自己的
构建
灵感上
在别人的
第四条准则

自由撰稿人托马斯 · 迈尔

有创造力的交换是留给外行的。

自 2006 年以来，托马斯 · 迈尔成了作家和自由撰稿人。他之前曾作为专栏作家在编辑部工作，还作为撰稿人和创意者在广告公司任职。2010 年托马斯 · 迈尔凭借他的艺术项目“Aktion für ein kluges Zürich”获得了 Swiss Text 大奖。2012 年春天 Salis 出版社出版了他的首本小说 *Wolkenbruchs wunderliche Reise in die Arme einer Schickse*，并且获得了瑞士图书奖的提名。www.meyertext.ch

托马斯·迈尔，您是广告撰稿人、作家和自由艺术家。您太富有创造力了。您何时发现您拥有创造力天赋？**在大学时。我依赖创造力，我想要有创造力地工作。我会发现我不具有创造力的领域。**

您个人如何定义创造力？**幸福。当我有创造力的时候，我是快乐的。其他一切都在它之下。**

您的创造力只体现在职业上，还是它也是您人生哲学的一种体现？**有一些人认为我的性格与态度中有所体现。**

一方面，在广告公司需要快速的推进力；另一方面，作家寂寞地在寻找一个准确的语句：作为广告从业者和作家寻找灵感的过程是否不同呢？**在广告公司的那种动力已经成为过去，我现在是自由职业者。为广告寻找灵感或者为杂志撰写文章，对我来说只是文章长短的问题。**

有创造力，对您来说是不是一件孤寂的事情或者您需要与他人交流？**我能说实话吗？关于创造力这一点，我不喜欢与人交流。在我看来，外行才与他人交流。**

您从哪里找到了您最好的创意，在书桌前还是在酒吧？**这跟地点和场景无关。**

在您的主页上写着您周二和周三从 8 点到 18 点工作，在其他的工作日是从 10 点到 12 点工作。您的创造力也不遵循普通的办公时间吗？**这是一种尝试，把我的商业与艺术创作分开。然而并没成功。**

截止日期是朋友还是敌人？**我需要压力。它让我集中精力，我爱压力。**

当您没有灵感时怎么办？**换一个主题或者整理一下我的工作室。**

人们可以把创造力比作一个好的笑话吗？或者它是一件严肃的事情？**两者都是。它是一件创造乐趣的严肃的事情。人们应当严肃地面对这个问题：我真的创造了一些有乐趣的东西吗？**

拥有创造力是一项需要勤奋努力的工作吗？或者，当人们在自如和精力不集中时（甚至喝醉的状态下）才是最有创造力的？**创造力自身，是灵感的开放。它本来就不是一项工作，而是一种态度。物质的运用是一件艰苦的手工活。醉人的灵感只有那些能忍受漫漫长夜的人才能获得的。**

身为广告撰稿人和作家，您是否应该从生活中攫取灵感？抑或，灵感只存在于您的脑海中？**这是一个好问题。发现生活对我而言首先意味着从他人身上观察。不过，我不需要云游四方，被出租车司机骗。顺便提一下，一个对创作感兴趣的灵魂一定比那些不愿意接受新鲜事物的人要成功。我相信，一个有创造力的灵魂绝对是多面的。**

什么样的广告宣传是有创造性的，什么样的不是？**每一个广告宣传从严格意义上来看都是有创造力的，因为它创造了新事物。至于它是否是原创，这属于另一个问题。在瑞士，广告从业者出于某种神秘的原因想试着保持趣味性。然而，他们却很难成功。这真的不是那么重要。我的一个熟人说过一句真心话："我不想要一辆有趣的汽车，而是一辆可靠的汽车"。**

最后一句有创造力的结束语？**啊，我想再重复一下我的态度：我们不需要讨论创造力。广告公司里的会议都是过去式了，把这记在客户的账上是无耻的行为。**

▶谜　底◀

最强大的一块

切三刀把一块蛋糕切成八块？我们知道，找到这个问题的答案对您来说不是很难。

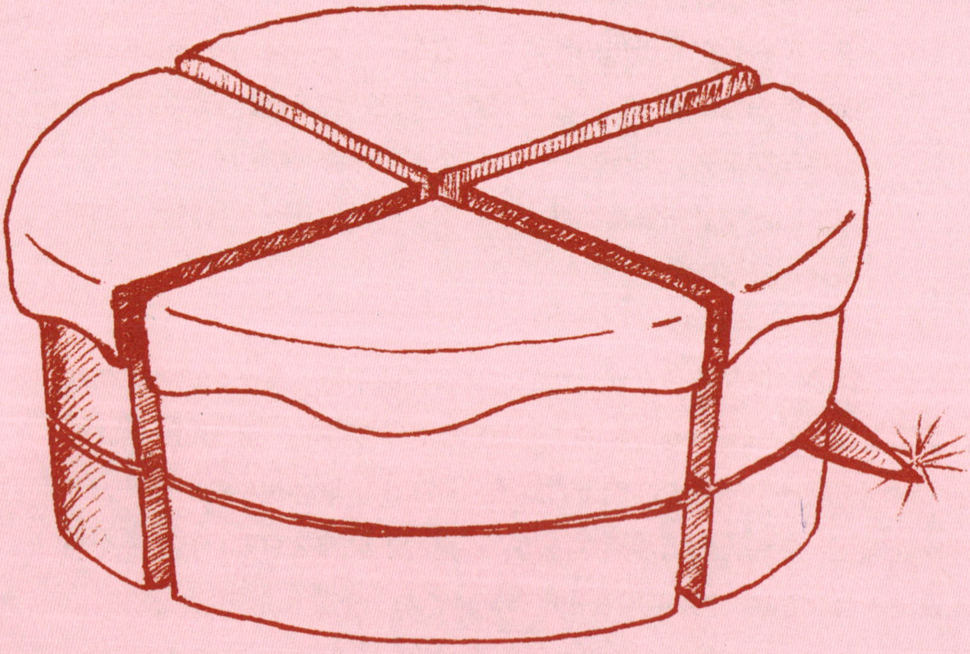

但是平心而论，这真的有创造力吗？在本章结束时您会知道：不，这并不具有创造力。

寻找图片中的针的任务假定成功，那您应该没有忘记只有那些真正有创造力的人才知道通过多种方式去思考。所以您这次在第一次公布答案之后，并未停止寻找其他答案的脚步。

我们脱帽致敬，因为这样您就找到了最具有创造力的一块。

第二章 压 缩

▶引言◀

崇高的诗意

您可能会问自己：我此时在哪里？答案很简单：在第二章。这章名为“压缩”。至于为何叫这个名字，您一会儿就知道了。

我们先回顾一下，我们已经通过本书的第一部分“吸气”从不同角度了解本书的主题创造力。如同蜜蜂环绕鲜花一般，我们也环顾了创造力各个不同层面。您不仅认识了疯狂的守门员，独辟蹊径的广告文案师和可怜的芬兰酿酒人，还认识了一个慢性子的懒虫：您的大脑。

您知道了，脑中的马达如何运转，如何用妙计取缔其系统内部的“劣习”。您现在明白创造力其实就是灵活思考。此外，您还明白您也可以拥有创造力。至少，您还是孩子的时候就有创造力。我们现在总结一下，每个人都有创造力潜能。到目前为止一切顺利。不过，这种潜能如何变为武器呢？成为一个人们可以完美运用的武器，就像武士的剑一样，一把锋利的，而不是锈掉的剑。

创造力是创新的推动剂，它就像汽油一样，需要压缩它。只有这样它才能发挥作用。这就是本章的主题：人们必须集中创造力，不然它就会损耗能量，毫无价值。如何集中创造力呢？通过压缩它。压缩意味着，把灵感具体化，找出问题的核心，把思想视觉化，提取出问题中最核心的东西。瞄准目标。

▶关于什么？◀

关于问题的问题？

集中创造力才不会让它的能量消散。

应该把它运用在什么地方呢？

它如何帮助我提高自己？

应该从哪里找寻灵感？

我如何实践它？

我应该运用哪些灵感之源？

我能从他人身上学到什么？

它何时才会起作用？

关于问题的问题？

集中创造力才不会让它的能量消散。

应该把它运用在什么地方呢？

它如何帮助我提高自己？

应该从哪里找寻灵感？

我如何实践它？

我应该运用哪些灵感之源？

我能从他人身上学到什么？

它何时才会起作用？

▶概　要◀

确定

视觉化

剖析

挤压

简化

清晰化

明确化

总结

压缩

激活

聚焦

具体化

视觉化

堆积

强化

基础

插画

阐释

集中

细化

失誤的核心原因

先发现问题的本质才能有效且目标明确地投入创造力。

以下这些方法可以帮助您找到重点。

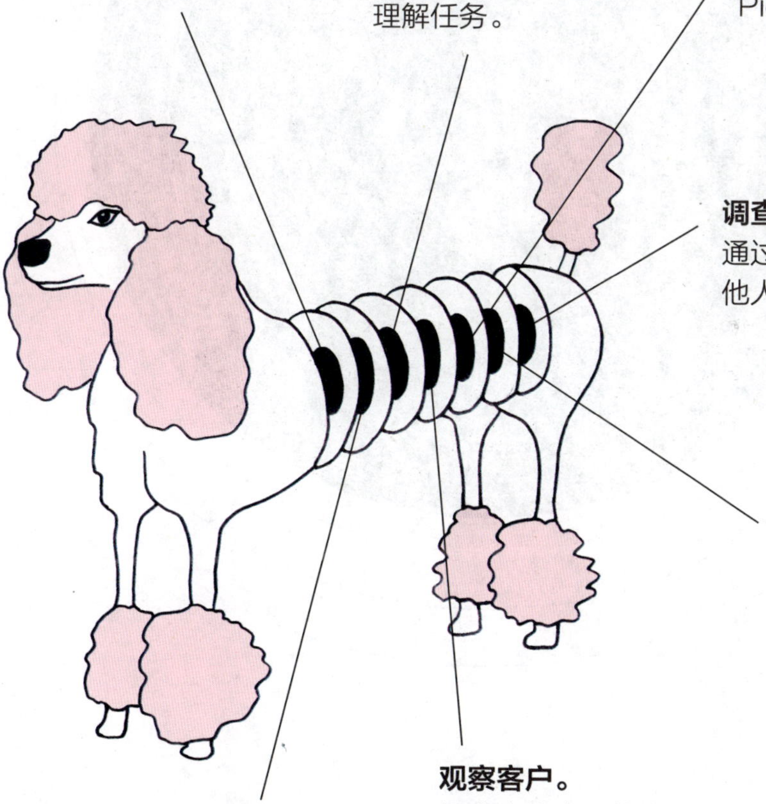

第五条准则：抓住重点

►五次为什么◄

为什么?
为什么?
为什么?
为什么?
为什么?

问五次为什么，您才会认识到问题的真实原因。

1. 为什么摩托车发动不起来?

没有充电。

2. 为什么没有充电?

（电）发动机不工作了。

3. 为什么（电）发动机不工作了?

传动皮带断了。

4. 为什么传动皮带会断?

好几年没有换皮带了。

5. 为什么不换传动皮带?

直到今天都没有好好保养摩托车。

转换视角

一切都是视角的问题

转换视角可以深入了解问题

把困难转化成问题

重新组织问题

调换动词

改变主语和谓语

我应该**送**岳母**什么**

生日礼物呢？

送礼物

的目的？

决定者

我怎么做才能更有

可能继承**遗产**？

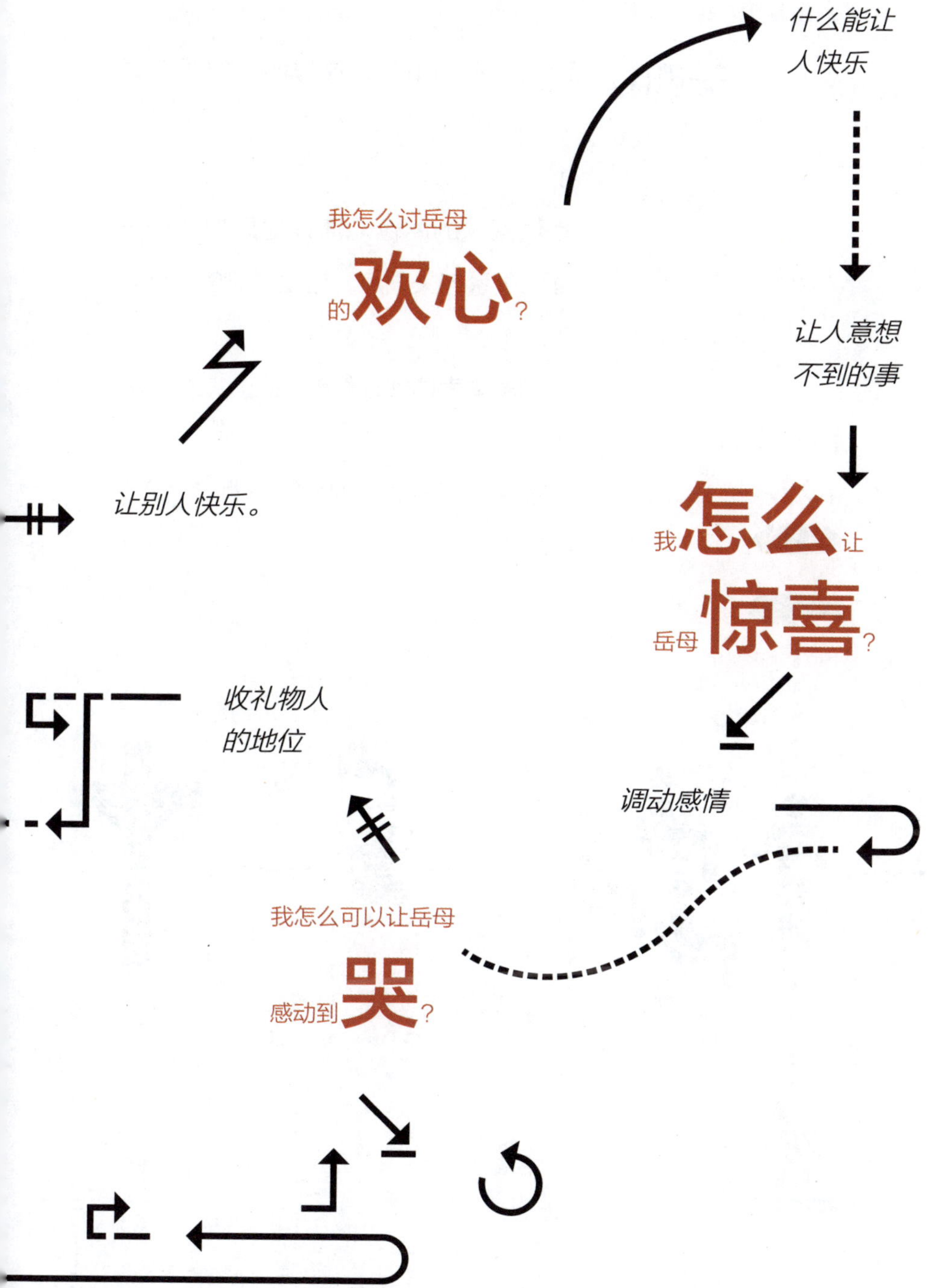

我怎么讨岳母的欢心？
什么能让人快乐
让人意想不到的事
我怎么让岳母惊喜？
调动感情
我怎么可以让岳母感动到哭？
收礼物人的地位
让别人快乐。

▶虚拟化思考◀

天啊！

画出您看到事物，这样能让您更容易看清全局。

↴

表达问题的图像能清楚地展现一个全面的关系与关联点，这是讨论的基础。

↴

您用草图表达您理解的东西。

↴

您能更容易表达所理解的东西。

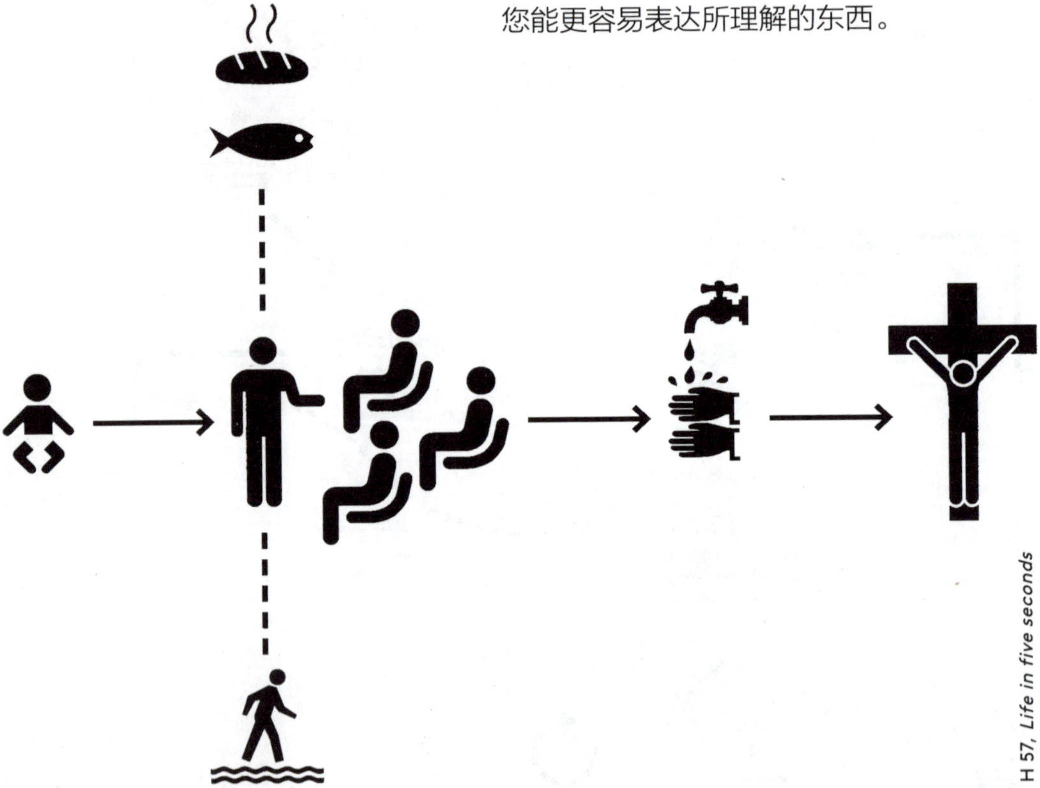

Illustration: H 57, *Life in five seconds*

保持平静

人们不需要成为专业的插画家就能进行视觉交流。瑜伽老师也可以做到。简单的草图就可以对复杂的过程进行概括，并且化解复杂任务带来的压力，比如在一堂内容丰富的瑜伽课之前。不论是有助于自己的记忆还是为学员提供指导，一些简洁的线条表达地常常比口述或者书面的指导更清晰。

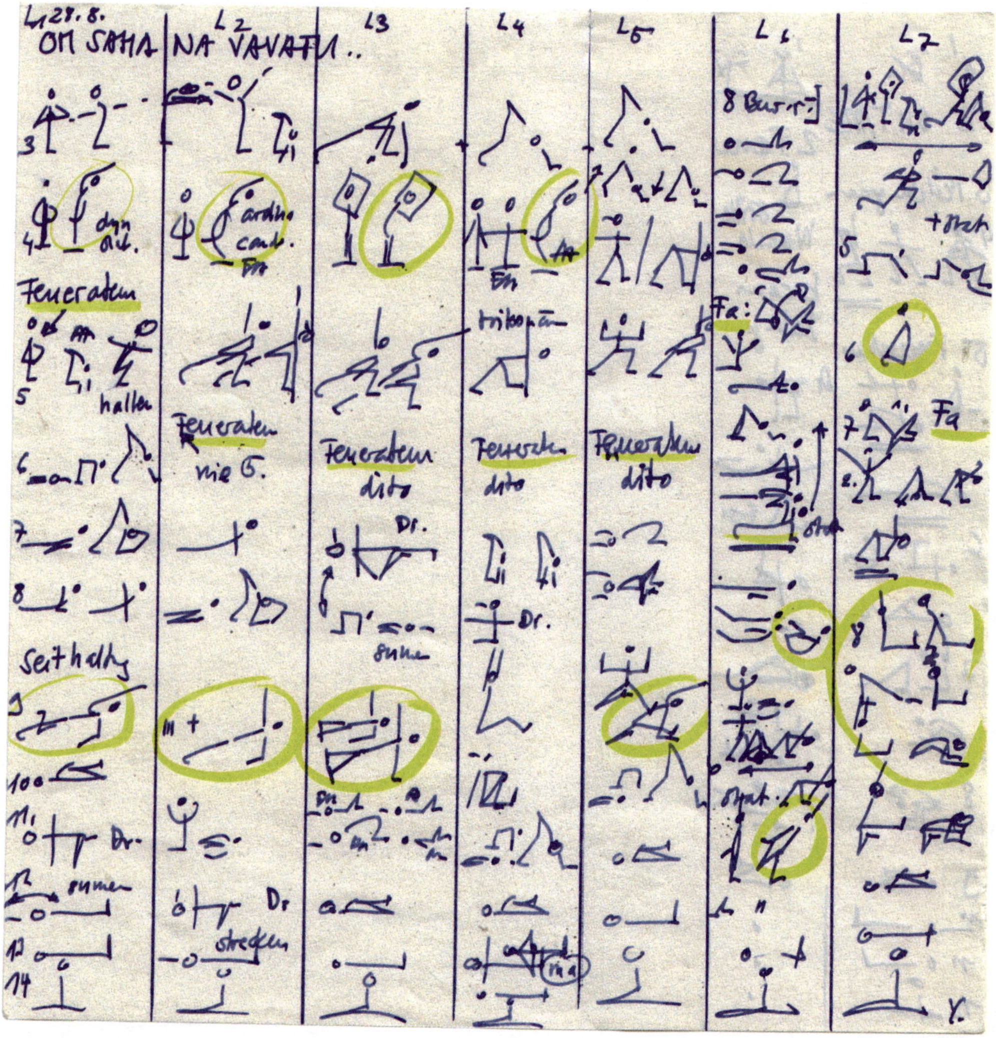

Skizze: Edith Schöpfer / www.yoga-imagination.ch

灵感，它就在那里。

一个巨大的创意潜能沉睡在我们的潜意识中。仅通过画图就可以展现出一些创意。那些模糊的灵感很难通过语言去表达，但可以通过图像具体化。即使您还不是很确定要画什么，也可以动笔。画画可以帮助破除思维的禁锢。人们往往过后才会发现草图在产品研发和服务中有多重要。别太早评价您的草图。

草图：阿尔弗雷多·赫伯利

“跟着线条漫步” 阿尔弗雷多·赫伯利 图片：Moroso

设计师阿尔弗雷多·赫伯利

Foto: I&I.

绘图笔连接了理智与情感。

1964 年阿尔弗雷多·赫伯利出生于布宜诺斯艾利斯。1977 年，他与父母一起前往瑞士。1991 年，阿尔弗雷多·赫伯利在苏黎世完成了工业设计的学业。自 1999 年开始，他在苏黎世的 Seefeld 区经营自己的个人工作室“阿尔弗雷多·赫伯利设计发展”。这位享誉全球的设计师还为以下这些公司工作，如 Alias、Camper、Littala、Kvadrat、Luceplan、Moroso 和 Vitra。www. Alfredo-haeberlin.com

阿尔弗雷多·赫伯利，创造力对您意味着什么？**创造力就像一张白纸。一切皆有可能。创造力意味着好奇心。对新鲜事物的渴望推动着有创造力的人们。**

创造力是一种人生哲学吗？**每当我晚上下班回家，用冰箱里有限的食材仍然可以烹饪出一道美味佳肴时，这也是有创造力的体现。身为一个有创意的人，我试着用开放的眼光去体验世界。当我必须从 A 点去 B 点时，在回程的路上我绝不会走同一条路。我是有意这样做的。我试着不让自己重复。**

您最精彩的创意从何而来？**我的信条是，观察是思考最美的形式。我所能看到的一切事物都可以给予我灵感。不论是阿斯顿·马丁的（Aston Martin，汽车品牌）散热器的格栅，抑或是冰球运动员的一个用旧的面罩，都可以成为制造椅子的灵感。但是，灵感不会在我漫步城市时突然袭来。它需要将精力集中投入于项目之上。我需要平静而且必须摸索着接近主题。灵感不是意外。**

在寻找灵感的过程中，您会使用什么方法？**我拥有视觉记忆。在我家里摆着大约 35 延米的书，并且我记得每一页。当我开始一个项目时，脑海中能立即迸发出数十幅图片。然后，我就立刻开始画草图。画一些一开始看起来似乎无关的东西。我常常到最后才会发现，这些草图对于成品有多重要。**

画图对您具象化一个创意有什么帮助？**握着绘图笔的手连接了理智与情感。画画帮助我暂停思考。当人们思考时，画画就会停下来。思路会被中断。我试着在画画时不去思考。这要求比较高，不过也很有趣。人们必须学习去信任自己的手与笔。**

当我在绘图时放空头脑，我就会通过画笔感受到灵感的到来。我开始画画，灵感会突然出现。我在画画时不会评判，但是我能感觉到：它现在来了。

您画的草图会给您到来惊喜吗？**常常在动笔画的时候，图像已经出现在我眼前了。我永远都比笔触的走向多看 5 厘米。不过，也有这种情况，我自己完全被草图中表达出的东西震撼了。因此，我反对在创作的过程中过早的使用电脑绘图。假如人们在电脑上画图时，必须提前知道画什么。用铅笔绘图就不一样，它允许未知的可能性。画图时自由的力量也会体现在最终的成品中。产品不是“构造出来的”。**

绘图时什么是重要的？**不要使用太昂贵的速写簿。昂贵的速写簿是一种阻碍，因为仅仅是本子的价值就已经体现出对每张空白页的期待。**

一幅不错的草图有什么意义呢？**草图是一件缩略而简短的内容。艺术就在于用最少的线条达到最大的效果。一份成功的草图是可以帮助人们找到事情的核心。笔要轻松地握在手中。保罗·克利（Paul Klee）曾经写过这样一句话：“画图就像用铅笔在散步一样。”这就是我每天做的事情，我用铅笔散步！这就是我给有耳沙发命名的灵感“跟着线条漫步”。**

您会补充您的草图吗？**不会。我从不用橡皮。草图不需要很具体，涂改是对思路的干扰。人们应该在画图时尝试许多不同的东西，即使在开始时并不明确了解草图与最终成品有什么关系。人们应该保持这种不确定性！不要在画图时探究创意。最好是尝试着把不同的草图组合在一起。**

草图有什么作用呢？**我从三个方面运用草图。第一，我会为自己画很多。草图可以很有诗意，不需要一定有用。速写本在一定程度上就是本视觉日记。第二，我会试着通过画图激发对新产品的灵感。我们之前已经就这点聊过了。第三，当语言不能对工程师表达**

我想要的东西时，我会使用草图。草图的一个重要的作用就是清楚地表达个人的想法，在阐述产品时绘图很重要。

当您的创意不符合市场的要求时，您会怎么办？**我对市场营销不感兴趣。换言之，我以及我的感受就是市场。我认为工业设计是艺术过程。如果我在寻找创意时考虑到什么东西正在流行的话，那么我的创造力就瓦解了。试图把一切都做对的话，作品无疑只能到达中等水平。在我看来，这是我们行业最大的危机。**

第六条准则：换位思考，体谅他人

客户调查

不　提　问

聊一聊感觉

您的谈话对象的感觉可能会很富有启发性。比如，他在装一台新电脑的时候是什么感觉？那一刻他有何感受？

寻找故事

您的谈话对象应该会对您讲述他的生活经历。例如，他第一次用剃须刀刮胡子是什么情景？在还没有手机的年代，他的生活中经历过什么样的插曲？

只　能　保

的　人　，

没有人比客户更了解自己的需求。您应该同客户沟通，这样您才能获得第一手的信息，了解他在想什么。

引导一个正确的对话

您需要准备问题，并且回应客户的回答。站在他的角度思考，什么对他来说是重要的。

持　愚　蠢　。

好事成“五”

一般情况下，为了得出有说服力的答案，需要进行大量的客户调查。没有大额的预算就无法进行调查。

不对！调查 5 个客户就能得出最好的结果，效果几乎一样。

调查一

根据经验来看，人们在接受第一次采访时就已经提供了 30% 的内容。

调查二

有些信息会与第一次采访的答案一致。人们收获的新信息明显没有第一次多。

调查三

得到的信息不是与调查一就是与调查二，或者与二者都重合。很少会有新的观点与看法出现。

调查四

新资讯所占的比例比第三次采访明显减少。

调查五

一般需要靠运气，才会有新的发现。目前看来，不需要再继续进行调查，因为答案只会重复。

何时应当进行客户调查？请画×

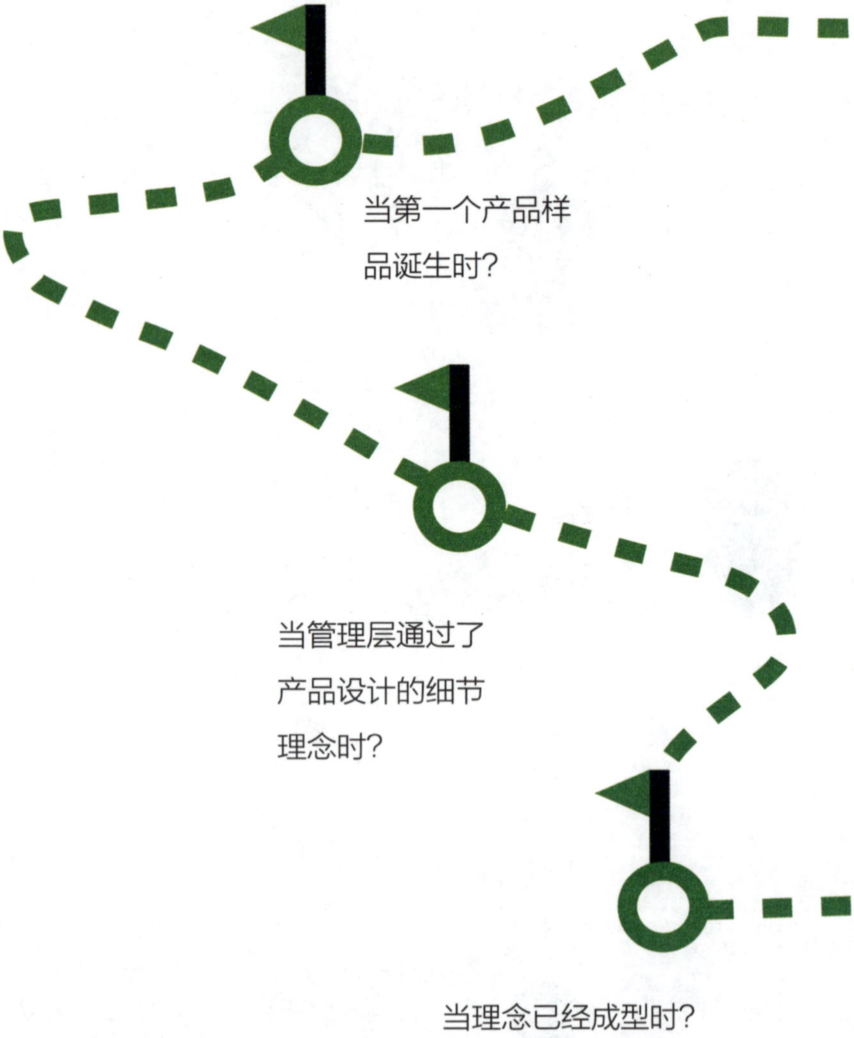

在开始寻找灵感之前？

时时刻刻都是如此！这一过程中的每个阶段都应该把客户融入其中。

在寻找灵感之前：
您应该确信您完全理解问题所在，并且能够在正确的地点去寻找灵感。

在寻找灵感的过程中：
通过工作坊（workshop）或者开放式创新的方式让客户参与其中。

在遴选和评估想法时：
客户最喜欢哪种想法？

在第一批样品的开发和测试阶段：
客户的评价如何？他们是喜欢另外一种形式吗？

在修改过的第二批样品的测试阶段：
客户会更喜欢吗？考虑到了客户的感受和需求吗？

在市场营销的测试阶段：
传递出了什么样的信号？

刚刚开始市场测试的时候？

反潮流

一个领域中大多数企业都在同一个地方寻找创新。

理智的决策应该能够估计到各种可能性。

那些没人认为能够再优化的地方，往往蕴藏着更多的创新可能。

只有那些准备暂时偏离所谓“最优路线”的人，才有可能超越别人。

别去那些所有人都挤破头要去的地方寻找灵感，而是应该去一切都能顺利进行的地方。

观察顾客

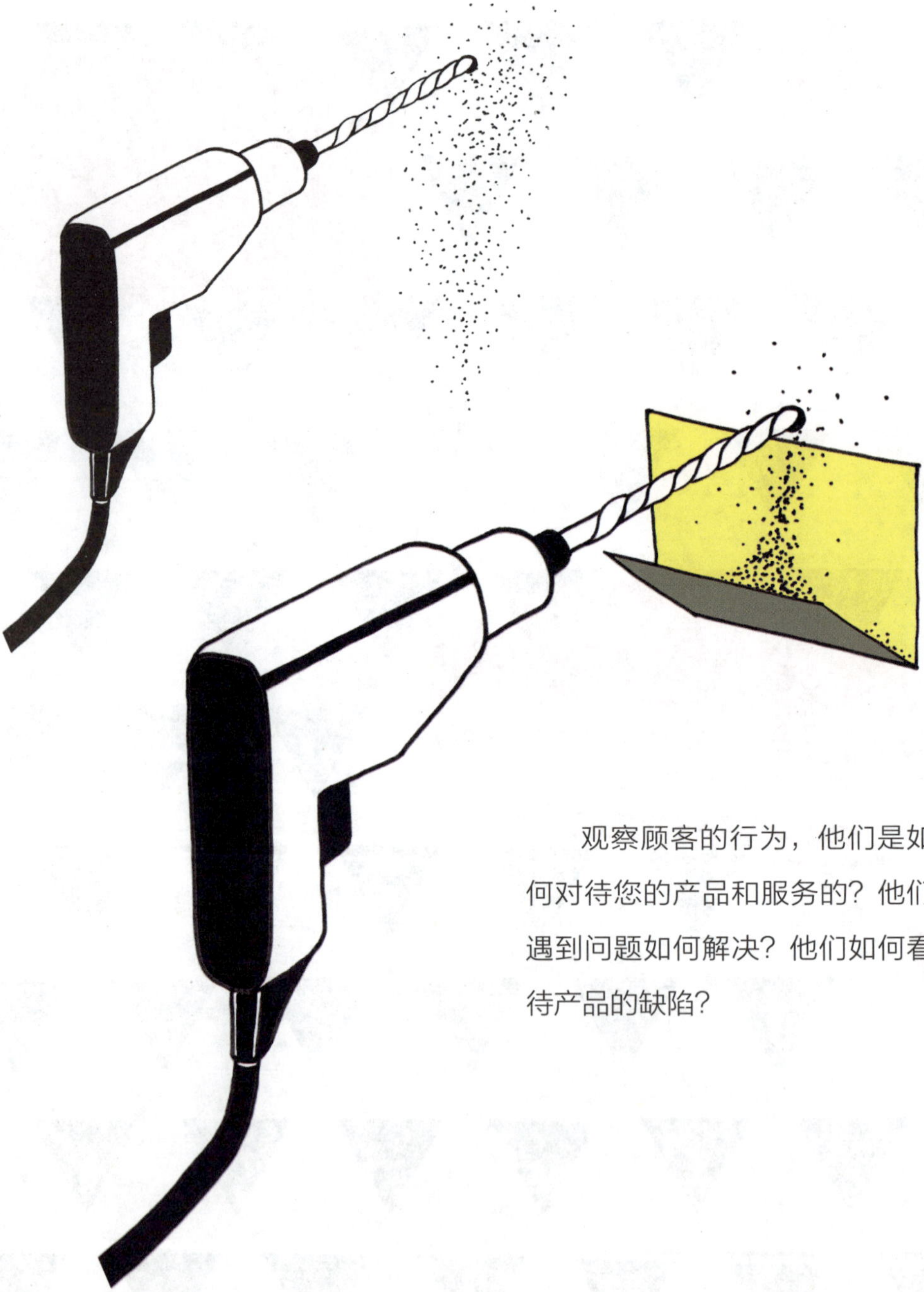

观察顾客的行为，他们是如何对待您的产品和服务的？他们遇到问题如何解决？他们如何看待产品的缺陷？

更加敏锐的观察之下

把视线从顾客身上移开！从观察中创造新的想法。

花园的栅栏

- 一个行业的转化诀窍和创新性的解决方案。
- 让来自行业外部的想法适应行业需求。

一位在苏黎世的理发师为他的顾客提供剃胡须的课程。这样的服务与他的核心能力“理发”很相似。

受此启发，一家区域性银行想到一个点子：为刚刚成年的人提供纳税申报课程的服务。

荷兰的汽车保险公司“onna onna”在道路结冰的时候，会给顾客发送免费短信进行提醒。

您能为顾客提供哪些有用的免费信息？

交叉创新

通过产品、服务和趋势之间跨部门的联系进行创新。

- 通过跨行业的合作进行创新。
- 同行业以外的人进行富有创造力的合作。

另一面

苹果公司与耐克公司合作共同开发Sport Kit运动配件。

一款带传感器的耐克运动鞋加上能当做计步器的iPod播放器将会带来全新的运动体验。

购买箱包公司“Carpisa”的箱子的顾客可以在2008年免费获得该公司的合作伙伴“Aurora Assicurazioni”提供的行李保险。

您和哪家行业以外的企业能够实现双赢的合作？

第三章 激 活

引 言

忘记头脑风暴吧！

书读到一半，您终于知道了。您已经吸入气体，并进行了压缩，现在您就要燃烧了！

您的创造力油箱已经加满油了，现在里面充满了各种各样的有用的知识、许多灵感和自信，您现在不仅仅已经知道了有关创造性思维的基础知识，您还知道您实际上已经变得比您自我感觉的更加具有创造力。此外，您也更加清楚地了解了，您和您员工的创造力在什么地方，以及使用什么方法才能更加有效地发挥作用。您现在也知道了，在日常工作中创造力的瓶颈到底在哪儿，以及它导致的问题的症结在什么地方。换句话说，您已经准备好了！准备好把这本书放到一边，然后迈出把理论运用到实践的一步，您不愿意再去读有关创造力的东西了，您要现在就变得有创造力。

就这样吗？您这会儿就确信您和您的团队已经具备了足够的创造力了。但是，至于说用什么样的技术手段才能让已有的创造力更好地发挥，并且转化为可以看到的成果，这些您还都没想过。

比如说，头脑风暴怎么样？明天早上到办公室直接把几个人叫到一起，相互之间启发对方的创造力。“好主意！”您这么觉得。您智慧的双眼仿佛已经看到这样的场景：同事们充满激情的相互启发，好的点子一个又一个地从这些动力十足的人的头脑中冒出来，然后某个时刻突然灵光一闪，一个天才般的主意从众多杂乱的想法中脱颖而出。

可是忽然您又想到了您最近一次参加的头脑风暴。那个情景难道不可怕吗？您当时在那个通风很差的会议室里更多的感觉到的是压抑和烦闷，自己的创造力很奇怪地被束缚着，根本没有任何灵感。您想到了您那位强势的老板，他不会给您鼓励，只会让您感到害怕，他那嘲笑挖苦的眉毛明白无误地告诉您，您的那些想法是多么幼稚。您想到了那位有点神经质又爱装腔作势的同事，他总是挤破头要走到前台，冲着那些内向的不善言谈的人侃侃而谈。您想到了之前每提出一个想法都会立刻陷入无尽的讨论中，被别人吹毛求疵地点评，最后被归入到没用的点子的行列。

还有，您还没忘记，在听着其他人叽叽喳喳争吵的时候，自己根本就难以集中思想去组织自己的想法。

对于头脑风暴是否有效这个问题，您想到就连专业学术文章也有不同意见。您记得一篇文章写道，“在思考的效率上，人们通过头脑风暴的方式坐在一起通常不如几个人用其他的方式或者干脆自己一个人思考”。您还记得，“人们自己一个人思考的时候头脑中能够保持难得的冷静，而头脑风暴总是让人觉得好像是在开车的时候一个脚踩着油门，另一个脚踩着刹车”。

“也许这次还是别用头脑风暴了”，您认为。肯定还有别的办法能够激发创造性的想法。您打开电脑，找到一个可靠的搜索引擎，在搜索框中输入“激发创造力的方法”几个字……

启发性单词分析

+ 我　搜索　图片　地图　应用　新闻　Gmail　网盘　日历　翻译　更多

Doofie　激发创造力的方法

网页　图片　地图　购物　图书　更多　搜索工具

1. **启发性单词分析**——通过单词得到灵感 | Thinkpedia
de.thinkipedia.org/methoden/reizwortanalyse
启发性单词分析是一种特别适用于启发各种疯狂灵感的激发创造力的方法。

2. **视觉举例法**——总是存在偶然 | Kreativität-Forum
www.kreativitäts-forum.com/visuelle+synektik
在视觉举例法中，通过偶然的视觉启发来突破思维定式。

3. **书写式头脑风暴**——更好的头脑风暴方式 | Denkmotor
www.denkmotor.com/brainwriting
书写式头脑风暴是头脑风暴的另一种形式，在这里想法不是通过口头表达出来，而是写出来的。

4. **语言直觉**——如何起个好名字！ | IdeaTube
www.ideatube.com/semantische-intuition
语言直觉这种创造力技术会先让人们为产品取一个名字，然后再找到一个对应这个名字的产品想法。

5. **奥斯本清单**——通过不断修正创造财富！ | Thinkpedia
de.thinkipedia.org/osborn/checkliste
奥斯本清单这种创造力技术尤其适用于对产品和流程的修正。

6. **客户效应矩阵**——从客户的角度来思考 | Kreativitäts-Forum
www.kreativitäts-forum.com/kundennutzen-matrix
客户效应矩阵这种创造力技术可以帮助您从客户的视角观察事物。

7. **提取逻辑概念**——您就不会偏离逻辑概念了 | Brainbook
www.brainbook.com/denkmotor+konzeptextraktion
提取逻辑概念这种创造力技术让您能够更加轻松地从第一个想法中提取出具体的解决办法。

一个
技术问题

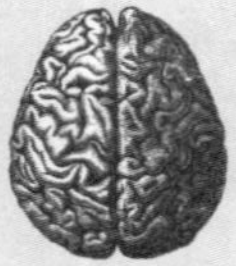

创造力百科全书

启发性单词列表

1 广播
2 包
3 足球
4 意大利面
5 玫瑰

6 鞋子
7 汽车
8 动物园
9 魔鬼
10 电视

11 大象
12 日记
13 烟花
14 咖啡
15 女乞丐

16 复印机

启发性单词分析

启发性单词分析是一种寻找灵感的方法(创造力技术),这一方法是以随机输入为基础的。

目录(隐藏)

原则 (编辑)

启发性单词分析属于直觉性创造力技术，它尤其适用于需要主动创造疯狂想法的情境，主要适用于艺术领域、广告和市场营销行业。

启发性单词分析也被称作随机输入法，是一种典型的对立性技术：人们有意识的接受启发性单词，尝试在随机输入的情况下找到问题的答案。

17 演员
18 卫星
19 狗
20 铅笔

21 领导
22 办公室
23 汉堡包
24 迪厅
25 照片

26 树根
27 香烟
28 云
29 外交官
30 剃须刀

31 魔术师
32 肉排
33 斑马
34 鼻子
35 盐

36 女医生
37 吸尘器
38 花束
39 舌头
40 保险柜

41 舞者
42 吸铁石

接受随机的刺激可以让大脑跳跃性地思考，产生出不同寻常的有创造性的想法。

如果启发性单词和提出的问题之间能够产生联系，那么就会出现跳跃性思维，这种偶然的因素可以产生出完全新的联系和想法，这样人们就不会仅仅限于思考问题本身，大脑会被刺激，变得更加具有创造性。

流程（编辑）

需要寻找答案的问题，需要手写出来。这里比较重要的是，所有问题的定义都要准确，以确保每个人对此的理解都是一样的。

下一步就要按照随机原则寻找启发性词汇，可以随机挑选一本书，然后用刀随便扎到书页上选择单词，或者随机（钟表秒针所指的位置或者闭着眼从列表中指一个）从编好号的启发性词汇列表中选择（见左侧）。

然后针对选出来的词语写下 4 个到 6 个对应的特征。比如对于“树木”这个词可以写下健壮、高、老、绿色和荫凉这些特点。

最后要去寻找问题与启发性词汇特征之间的联系。我们通过广告想要传达的信息是开着劳斯莱斯穿过城市（老），还是更愿意买一把海滨浴场用的遮阳伞（荫凉），抑或是让农场主看完广告之后就愿意去割草（绿色）？

43 领带
44 博物馆
45 椰子

46 蘑菇
47 女政治家
48 老虎
49 泡沫
50 电话

51 帆船
52 医院
53 秤
54 假期
55 棉花

56 蜗牛
57 保险
58 教堂
59 鹰
60 桥

优点 (编辑)

- 启发性词汇分析法在流程上很简单
- 能够启发出让人意想不到的想法
- 方法多种多样，很有乐趣
- 如果认真使用这种方法，那成功的概率会很大

缺点 (编辑)

- 如果之前从来没有联系过，那么可能不太容易找到词汇与问题之间的关系
- 随机性的选题并不一定总能够过渡到问题的提出，有可能会出现各种失败的可能性

brainbook

搜索人、地点和事情

思想发动机

修改个人主页

伊日

思想发动机

1117个人“喜欢”　　3个人来过这里

发送信息

思想发动机——一家在创造力培训和创新工作坊方面领先的瑞士公司

介绍——创造力训练、创新工作坊、创造力和创新课程、六种思维方式课程、简约性课程、控制力

其他信息……

照片

活动

地图

1117

喜欢

Alex Osborn

Marianne Rubio

Alain Baumann

Dirk Lippe

G. Duld

Lisa Fieber

Susi Winter

Karl Angst

Count Gabba

Martin Rosenblut

Rafael Blaser

David Steiner

Jaqueline Reis

brainbook
搜索人、地点和事情
思想发动机
修改个人主页
克里斯
你在干什么?
发布
思想发动机
刚刚在一个很有启发性的创造力工作坊为一家瑞士公司制作了一张很酷的圣诞贺卡。感谢所有参与者。很开心!
喜欢 - 评论 - 分享 - 星期一 16:15
John Bauer、Lisa Gruber、 Evelyne Bizzoto 和其他17个人喜欢
Alain Bauman: 听起来很有意思，能再多介绍一些吗?
星期一 16:42 通过 手机 - 喜欢
思想发动机: 我们使用了启发性单词分析方法，我们把“汽油”当做随机的启发性单词，特征则选取了爆炸性、味道大、液体和昂贵。然后各种想法就都出来了。
星期一 17:20 - 喜欢
Count Gabba: 我更喜欢“启发性服饰分析”。
星期一 22:13 - 喜欢
Alex Osborn
Marianne Rubio
Alain Baumann
Dirk Lippe
G. Duld
Lisa Fieber
Susi Winter
Karl Angst
Count Gabba
Martin Rosenblut
Rafael Blaser
David Steiner
Jaqueline Reis

Marianne Rubio：一张带有爆炸性或者呈液体状的圣诞贺卡？真是疯了。说说看你们到底想到了哪些主意？
星期二 10:27 - 喜欢

思想发动机：其中一个疯狂的想法是制作一个能够炸出圣诞祝福的桌面炸弹，而那个液体的想法是一个写出全部配料的烧酒制作方法，或者是一个肉桂味的沐浴液，标签上写上圣诞祝福。
星期二 14:00 - 喜欢

Marianne Rubio：听起来挺牛的，最后你们选择了哪个方案？
星期二 17:48 - 喜欢

思想发动机：我们现在才不会说出来呢，我们要让你们惊喜一下！
星期二 18:03 - 喜欢

Count Gabba：一个带美女照片的基督降临节日历也会很有爆炸性……
星期二 23:26 - 喜欢

视觉举例法

+ 我　搜索　图片　地图　应用　新闻　Gmail　网盘　日历　翻译　更多

Doofie　激发创造力的方法　视觉举例法

网页　图片　地图　购物　图书　更多　搜索工具

1. 启发性单词分析——通过单词得到灵感 | Thinkpedia
de.thinkipedia.org/methoden/reizwortanalyse
启发性单词分析是一种特别适用于启发各种疯狂灵感的激发创造力的方法。

2. **视觉举例法**——总是存在偶然 | Kreativität-Forum
www.kreativitäts-forum.com/visuelle+synektik
在**视觉举例法**中，通过偶然的视觉启发来突破思维定式。

3. **书写式头脑风暴**——更好的头脑风暴方式 | Denkmotor
www.denkmotor.com/brainwriting
书写式头脑风暴是头脑风暴的另一种形式，在这里想法不是通过口头表达出来，而是写出来的。

4. **语言直觉**——如何起个好名字！ | IdeaTube
www.ideatube.com/semantische-intuition
语言直觉这种创造力技术会先让人们为产品取一个名字，然后再找到一个对应这个名字的产品想法。

5. **奥斯本清单**——通过不断修正创造财富！ | Thinkpedia
de.thinkipedia.org/osborn/checkliste
奥斯本清单这种创造力技术尤其适用于对产品和流程的修正。

6. **客户效应矩阵**——从客户的角度来思考 | Kreativitäts-Forum
www.kreativitäts-forum.com/kundennutzen-matrix
客户效应矩阵这种创造力技术可以帮助您从客户的视角观察事物。

7. **提取逻辑概念**——您就不会偏离逻辑概念了 | Brainbook
www.brainbook.com/denkmotor+konzeptextraktion
提取逻辑概念这种创造力技术让您能够更加轻松地从第一个想法中提取出具体的解决办法。

KREATIVITÄT-FORUM.COM （创造力论坛）

论坛概览 | ? **THINK TANK** 注销　　搜索……　搜索

页码: [1] 到底端

> 主题: 视觉举例法

?

Think Tank
文章数: 1
加入论坛时间:
10月22日

文章 » 10月22日 13:17

大家好，我是新注册的用户。

我现在正在集中学习根据随机原则设计的激发创造力的方法，也就是所谓的“随机输入”方法。启发性词汇分析我也知道一些。

你们还知道其他的随机技术吗?

Idea L.
文章数: 423
加入论坛时间:
3月13日

文章 » 10月22日 14:44

欢迎来到我们这个论坛!

还有一个有趣的方法叫视觉举例法，这个激发创造力的方法也需要随机的信息输入，但是使用的是图片而不是文字。视觉举例法的工作原理和启发性词汇分析法类似，所以有时候也叫它启发性图片分析法。

思想发动机
文章数: 609
加入论坛时间:
10月2日

文章 » 10月22日 20:07

“视觉举例法”有意思的地方是，通过这种方法，你看问题的视角会逐渐转变，并借此推动创造力的生成。

通常从一个具体的问题出发，随机使用并分析选出的图片，这样可以让人思考得更远一些，并形成类比。由此可以形成一个看问题的视角，你就可以更加容易打破已有的思维定式，随后就会迸发出出人意料的点子。这些想出的解决方案通常是多种多样，涉及面广的。不过要想顺利使用这个方法，也需要一定的练习，并坚持一定的原则。

Think Tank
文章数: 2
加入论坛时间:
10月22日

文章 » 10月23日 07:56

感谢你们的回答！

视觉举例法听起来很有意思！至少理论上是这样。

但是我还是不理解，这种方法应该如何实际操作？

思想发动机
文章数：610
加入论坛时间：
10月2日

文章 » 10月23日 09:01

首先，你要把问题重新准确地改写一下。

比如，“文具盒应该具备什么样的附加功能才能让孩子们喜欢？”

你需要先找一系列图片，网上的或者杂志上的都可以。这些图片应该尽可能幽默，能够刺激人，激发人的想象力，而且重要的是不能与问题本身有关。

然后，写下来你看到这些图片立刻想到的东西，描述一下最让你感到有意思或者触动你的内容。这个时候你不必非得准确地对图片进行描述。不管离图片主题差得多远，所有能想到的联系都可以写下来，这个时候就是需要自由的思考。

最后，你尝试把这些写下来的内容与问题本身联系起来。比如一张登月的图片让你联想到了航天员喝饮料的情景，那么你就可以考虑一下，是否可以把文具盒设计成带有未来主义的吸管的样子，并装饰上一个迷你饮料瓶……

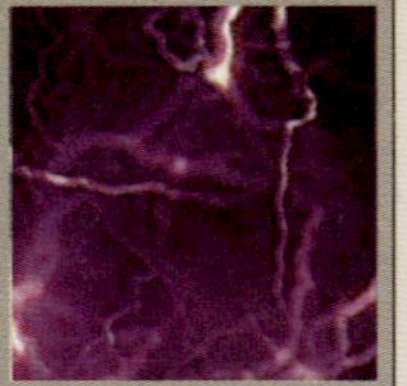

Geistesblitz
文章数: 554
加入论坛时间:
7月27日

文章 » 10月23日 14:32

还有一种可行的办法是找一找报纸上的广告，然后问一问这样的思维方式或者广告上的幽默话语能否联系到自己的问题上来。

有时候有人也会推荐把“视觉举例法”与传统的激发创造力的方法（如头脑风暴法）结合起来。你先进行一次头脑风暴，然后第二步再用“视觉举例法”。

如果你直接就用“随机输入”的方法，那么可能存在的风险是，许多“显而易见”的答案会被忽略掉，一些参与者可能会觉得这种方法的要求太高。

Think Tank
文章数: 3
加入论坛时间:
10月22日

文章 » 10月23日 18:47

非常感谢你们所有人！

我马上就去给自己找一些图来！

页码: [1] 到顶端

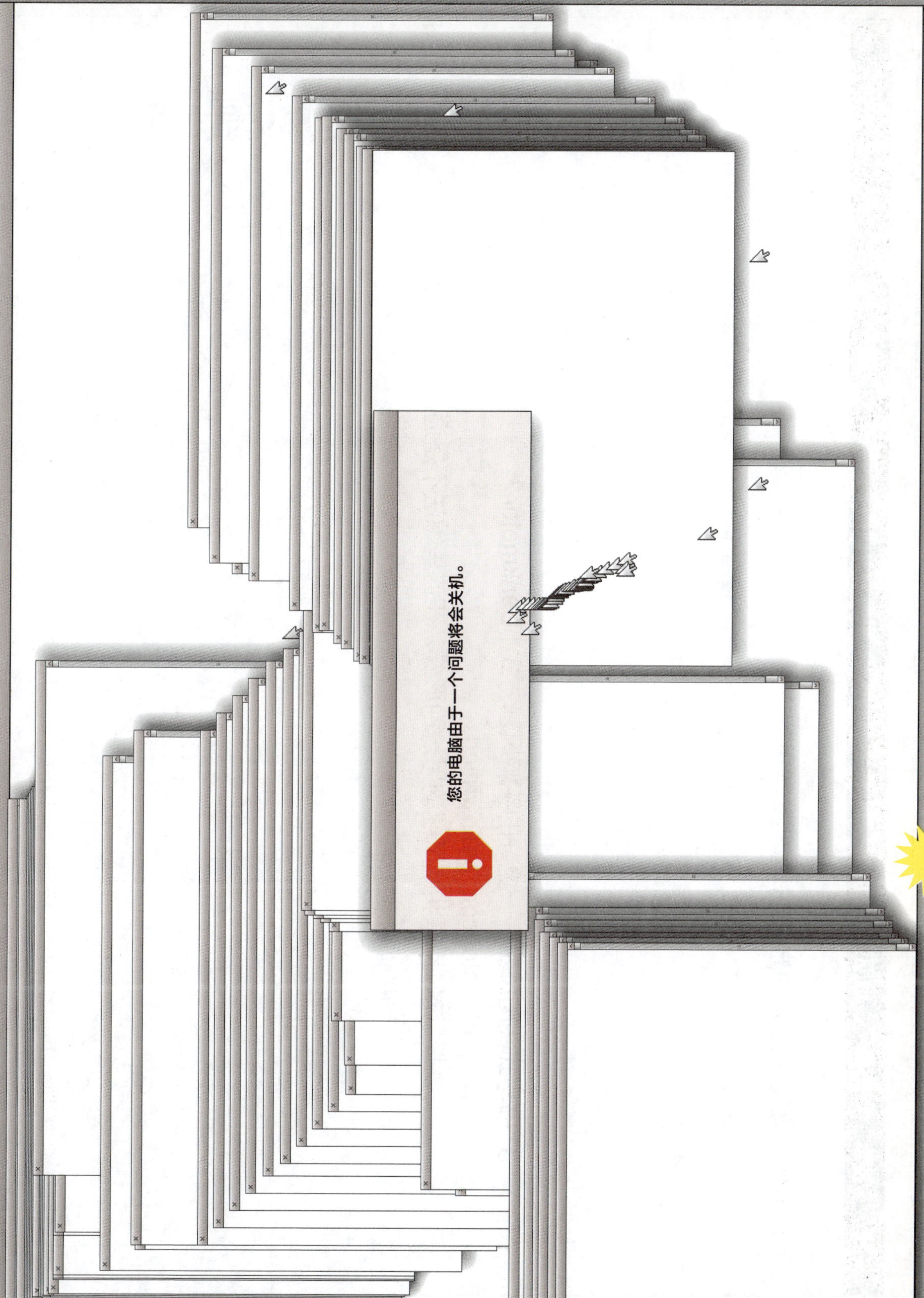
您的电脑由于一个问题将会关机。

书写式头脑风暴

+ 我　搜索　图片　地图　应用　新闻　Gmail　网盘　日历　翻译　更多

Doofie　激发创造力的方法　书写式头脑风暴

网页　图片　地图　购物　图书　更多　搜索工具

1. **启发性单词分析**——通过单词得到灵感 | Thinkpedia
   de.thinkipedia.org/methoden/reizwortanalyse
   启发性单词分析是一种特别适用于启发各种疯狂灵感的激发创造力的方法。

2. **视觉举例法**——总是存在偶然 | Kreativität-Forum
   www.kreativitäts-forum.com/visuelle+synektik
   在视觉举例法中，通过偶然的视觉启发来突破思维定式。

3. **书写式头脑风暴**——更好的头脑风暴方式 | Denkmotor
   www.denkmotor.com/brainwriting
   书写式头脑风暴是头脑风暴的另一种形式，在这里想法不是通过口头表达出来，而是写出来的。

4. **语言直觉**——如何起个好名字！ | IdeaTube
   www.ideatube.com/semantische-intuition
   语言直觉这种创造力技术会先让人们为产品取一个名字，然后再找到一个对应这个名字的产品想法。

5. **奥斯本清单**——通过不断修正创造财富！ | Thinkpedia
   de.thinkipedia.org/osborn/checkliste
   奥斯本清单这种创造力技术尤其适用于对产品和流程的修正。

6. **客户效应矩阵**——从客户的角度来思考 | Kreativitäts-Forum
   www.kreativitäts-forum.com/kundennutzen-matrix
   客户效应矩阵这种创造力技术可以帮助您从客户的视角观察事物。

7. **提取逻辑概念**——您就不会偏离逻辑概念了 | Brainbook
   www.brainbook.com/denkmotor+konzeptextraktion
   提取逻辑概念这种创造力技术让您能够更加轻松地从第一个想法中提取出具体的解决办法。

书写式头脑风暴 | 进入 | 发送 | 草稿 | 标注 | 垃圾箱 | 写信

来自: think.tank@gmx.net 10月25日 09:21
发送至: info@denkmotor.com

主题: **创造力技术**

思想发动机的团队，你们好!

下周我想和我的团队开一个关于创造力的会议，会上我们要为一项新的服务寻找一些想法。

最开始我是想做头脑风暴，因为我非常喜欢人们相互之间的灵感和思想上的碰撞。但现在的情况是，我的团队里有几个比较害羞的人，他们在头脑风暴的时候基本上不说话，而那几个人正好是我认为很有创造力潜力的人。

您能否给我推荐一个其他的激发创造力的方法，能让我的这些比较内向的团队成员也能够完全发挥出自己的才能?

祝好

罗兰 · 施密特

来自: **info@denkmotor.com**
发送至: think.tank@gmx.net

10月25日 11:54

主题: **激发创造力的方法**

施密特先生，您好！

感谢您的来信！

传统头脑风暴的一个很好的替代方法是书写式头脑风暴。在进行书写式头脑风暴的时候，参与者先把自己的想法和建议写到自己的纸上，每个人都可以在没有其他人打扰的情况下思考这个主题。书写式头脑风暴的最大好处就是匿名，这样即使团队成员之间不认识或者不熟悉，还没有建立相互之间的信任或者还有些害怕的情况下，大家也能够进行有创造性的合作。而头脑风暴至少在理论上存在一个缺陷，也就是参与者感觉会当众暴露自己的弱点。

另外，在头脑风暴的时候，参与者的思维过程常常被打断或者被打扰，因为人们还得听着别人说的话。与此相反，书写过程不会中断思考过程，因为所有参与者都是在安静的情况下写下自己的想法的，在头脑风暴中存在的思维过程的中断可以得到避免。

祝好

伊日 · 舍雷尔

来自: **think.tank@gmx.net**　　10月25日 13:02
发送至: info@denkmotor.com

主题: **激发创造力的方法**

您好，舍雷尔先生！

感谢您这么快的回复！

我之所以喜欢头脑风暴，是因为一个人的观点可以为其他人带来些灵感。如果每位参与者都只是安静的在纸上写自己的想法，那么这种相互激发不就没有了吗？

那么不就缺少这种相互之间的交流了吗？

祝好

罗兰·施密特

来自: **info@denkmotor.com**　　10月25日 15:42
发送至: think.tank@gmx.net

主题: **激发创造力的方法**

您好，施密特先生！

书写式头脑风暴有多种方式，其中非常流行的一种是“6-3-5”方法。

这种激发创造力的方法的特殊之处就在于，参与者写下想法的那些纸会相互传阅，其中一个明确的要求就是要去想一想每张纸上的内容，并做出一定的完善，这就使得“6-3-5”方法成为一个十分具有建设性的激发创造力的方法。您很喜欢的头脑风暴中的相互激发的效果也完全能够实现。

祝好

伊日·舍雷尔

来自: think.tank@gmx.net　　10月25日 16:15
发送至: info@denkmotor.com

主题: **激发创造力的方法**

你好，舍雷尔先生！

这个听起来不错！

您能否给我一步一步指导一下，如何在实际中运用“6-3-5”方法？

祝好

罗兰 · 施密特

来自: info@denkmotor.com　　10月26日 08:30
发送至: think.tank@gmx.net

主题: **激发创造力的方法**

2个附件，56 KB　保存　预览

您好，施密特先生！

您最好按照如下步骤进行：

1. 把问题在挂图上清晰地写下来。

2. 每位参与者拿到三张纸，每张纸上有六个格子。

3. 每个人在每张纸的第一个格子里写下自己的想法，然后按顺时针把纸传给下一个人。

4. 下一个人看一下已经写下的内容，思考一下然后尝试做出改进。这个过程重复五遍，直到纸上的六个格子都填满为止。

5. 然后把纸收集起来、打乱顺序并再次发下去。打乱顺序的好处是没有人知道谁写了哪些想法，因为评价一个主意的好坏常常不得不同时考虑出这个主意的人的地位和声望。

6. 重新分发这几张纸，参与者要进行第一次初选。所有人在一张小便签上写下 2 到 5 个最喜欢的想法。

7. 把所有的想法都收集起来并展示出来，每个参与者把自己选择的想法钉在板子上，并简单说一下理由。

附件中包括两个在一次工作坊发生的例子，这样您就能对如何改进每一个观点有更好的理解。当时我们是想办法提高公司员工的满意度。

祝好

伊日 · 舍雷尔

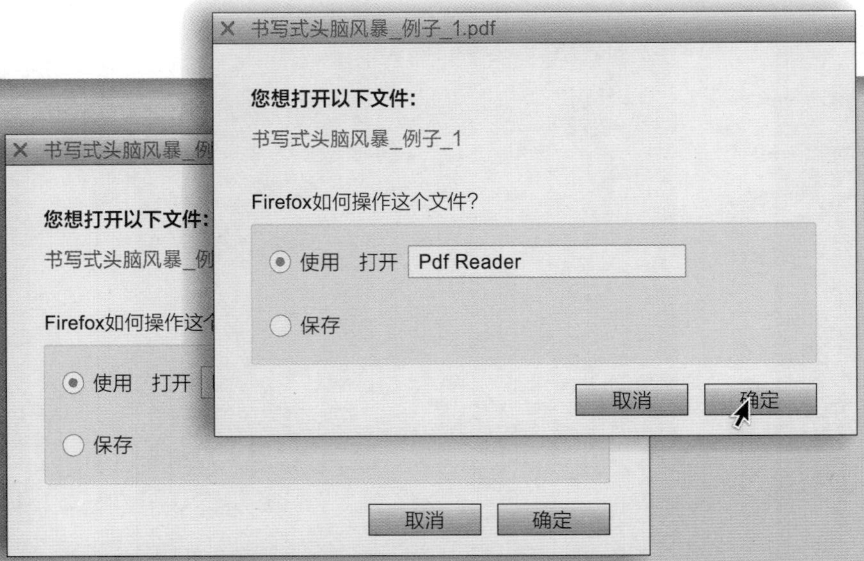

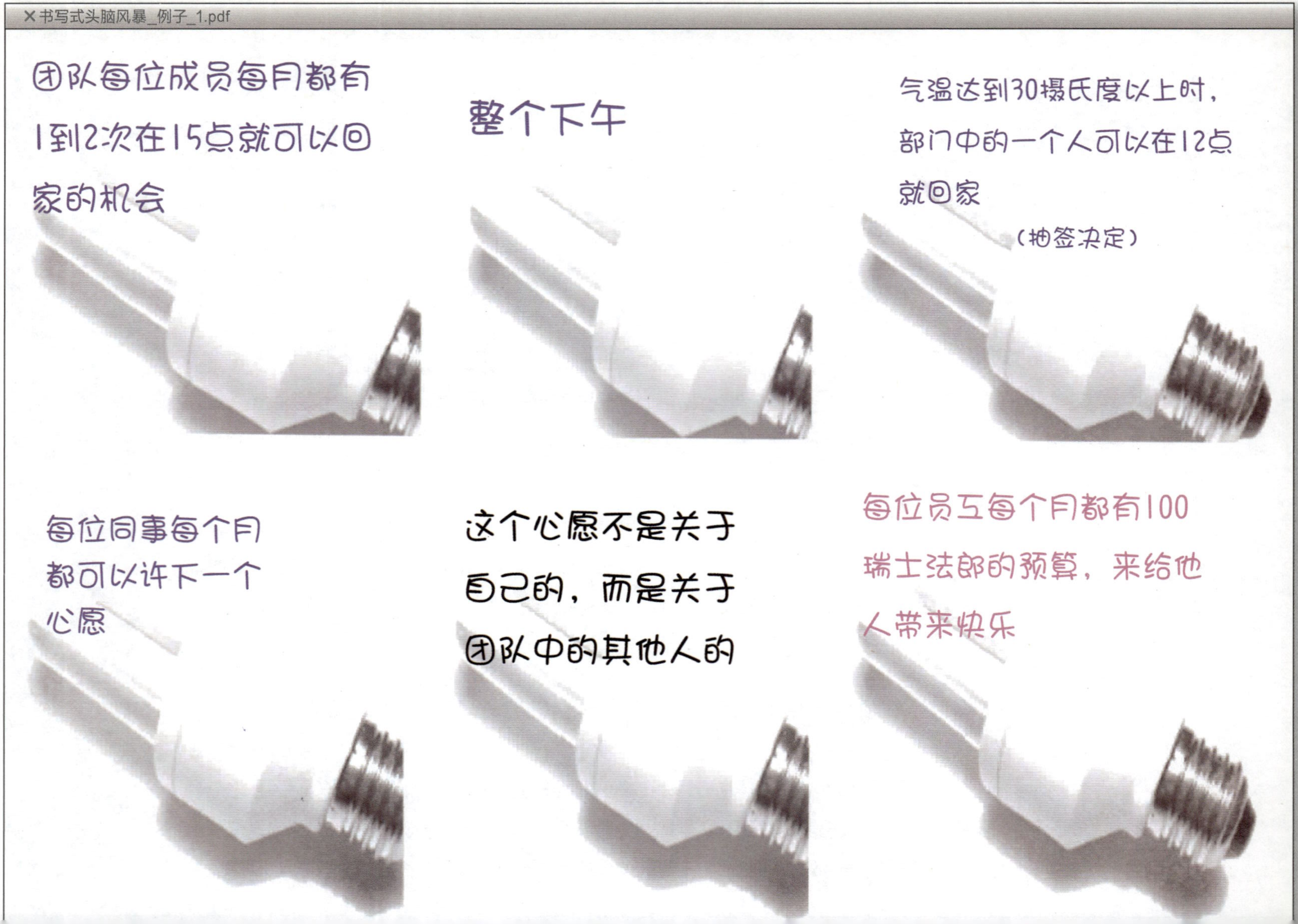
× 书写式头脑风暴_例子_1.pdf
团队每位成员每月都有1到2次在15点就可以回家的机会
整个下午
气温达到30摄氏度以上时，部门中的一个人可以在12点就回家
（抽签决定）
每位同事每个月都可以许下一个心愿
这个心愿不是关于自己的，而是关于团队中的其他人的
每位员工每个月都有100瑞士法郎的预算，来给他人带来快乐

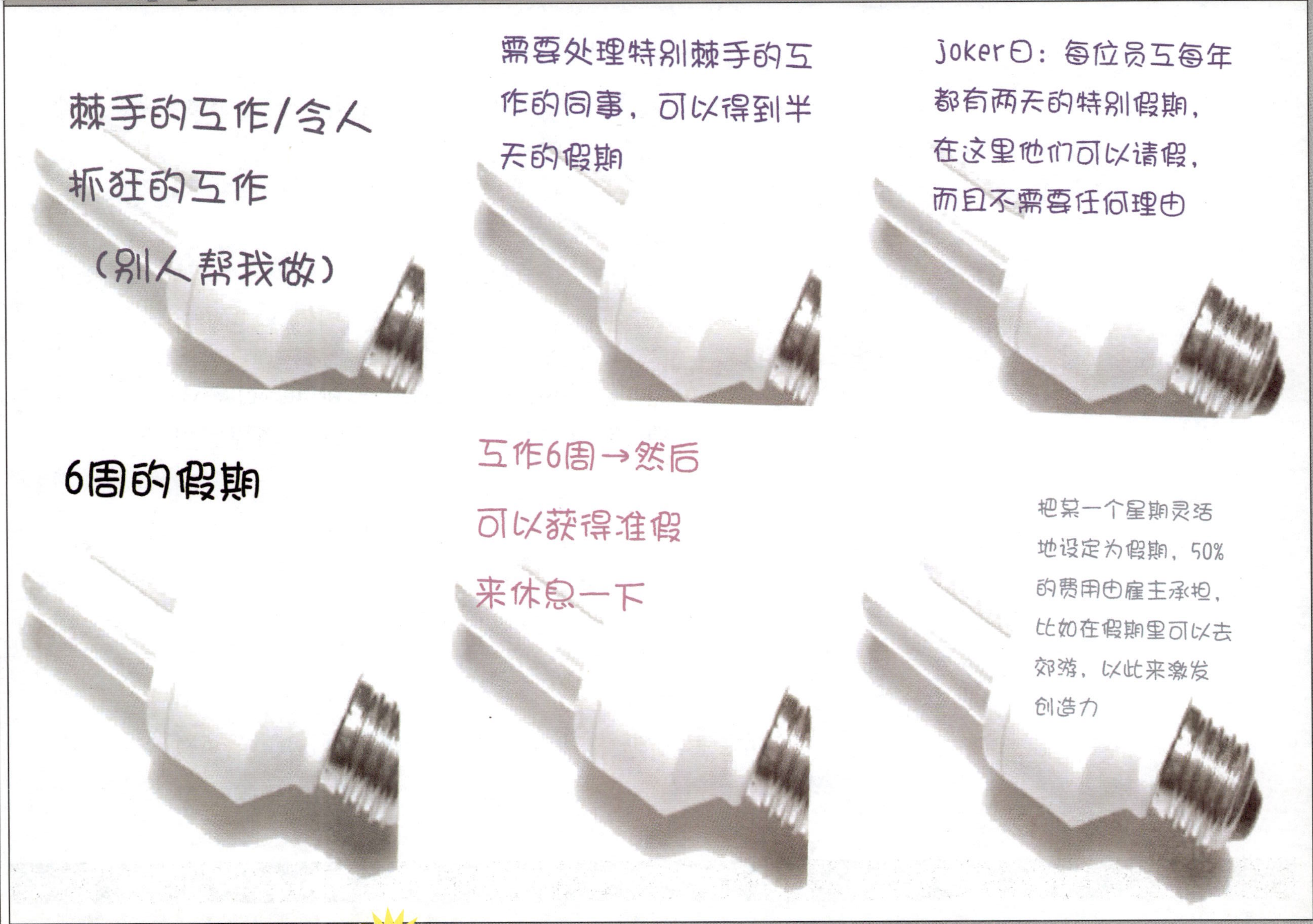
棘手的工作/令人
抓狂的工作
(别人帮我做)
需要处理特别棘手的工作的同事，可以得到半天的假期
Joker曰：每位员工每年都有两天的特别假期，在这里他们可以请假，而且不需要任何理由
6周的假期
工作6周→然后
可以获得准假
来休息一下
把某一个星期灵活地设定为假期，50%的费用由雇主承担，比如在假期里可以去郊游，以此来激发创造力

语言直觉

+ 我　搜索　图片　地图　应用　新闻　Gmail　网盘　日历　翻译　更多

Doofie　激发创造力的方法 语言直觉

网页　图片　地图　购物　图书　更多　搜索工具

1. **启发性单词分析**——通过单词得到灵感 | Thinkpedia
   de.thinkipedia.org/methoden/reizwortanalyse
   启发性单词分析是一种特别适用于启发各种疯狂灵感的激发创造力的方法。

2. **视觉举例法**——总是存在偶然 | Kreativität-Forum
   www.kreativitäts-forum.com/visuelle+synektik
   在视觉举例法中，通过偶然的视觉启发来突破思维定式。

3. **书写式头脑风暴**——更好的头脑风暴方式 | Denkmotor
   www.denkmotor.com/brainwriting
   书写式头脑风暴是头脑风暴的另一种形式，在这里想法不是通过口头表达出来，而是写出来的。

4. **语言直觉**——如何起个好名字！ | IdeaTube
   www.ideatube.com/semantische-intuition
   语言直觉这种创造力技术会先让人们为产品取一个名字，然后再找到一个对应这个名字的产品想法。

5. **奥斯本清单**——通过不断修正创造财富！ | Thinkpedia
   de.thinkipedia.org/osborn/checkliste
   奥斯本清单这种创造力技术尤其适用于对产品和流程的修正。

6. **客户效应矩阵**——从客户的角度来思考 | Kreativitäts-Forum
   www.kreativitäts-forum.com/kundennutzen-matrix
   客户效应矩阵这种创造力技术可以帮助您从客户的视角观察事物。

7. **提取逻辑概念**——您就不会偏离逻辑概念了 | Brainbook
   www.brainbook.com/denkmotor+konzeptextraktion
   提取逻辑概念这种创造力技术让您能够更加轻松地从第一个想法中提取出具体的解决办法。

IdeaTube

语言直觉

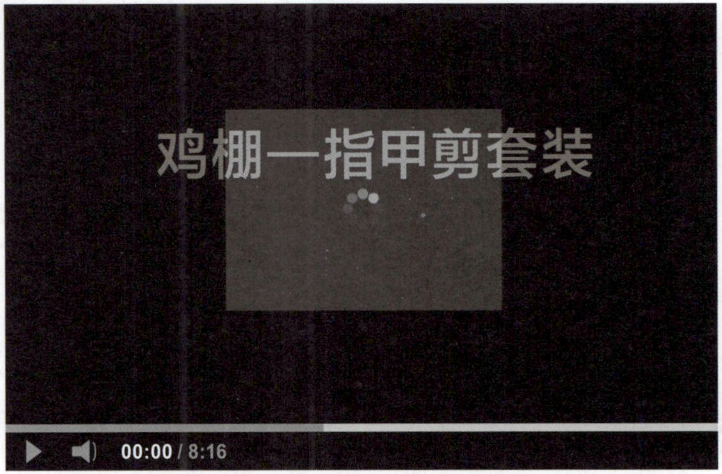

思想发动机骄傲地展示：“书！”
来自思想发动机
35 010 次观看

电视采访思维发动机汤克里斯·布里格
来自思想发动机
28 233 次观看

简单！
来自思想发动机
19 023 次观看

采访吉瑞·舍雷尔—思想发动机
来自 Der Magier
15 545 次观看

语义上的直觉：名字不再是声和响

思想发动机：语义上的直觉
克里斯·布里格 | 16个视频
取消订阅

582

喜欢 信息 分享 添加

9月20日 上传

语言直觉——被颠覆的世界！

在以下这种情况下，人会思考得很理性。人们首先对产品有一个想法，然后为产品想一个合适的名字。

但是要注意，创造力和理性关系不大！

“语言直觉”这种激发创造力的方法完全颠覆了我们逻辑思考顺序。这种方法吸引人的地方是，人们需要先找一个名字，然后根据名字去研发一种适合的产品。这种想法第一眼看上去就是无稽之谈，但在实际当中很管用。

您最好按照如下步骤进行。

1. 您按照随机的原则从已经准备好的列表中选两个词语，而这个列表由来自原问题相关领域的 20 到 30 个词语组成。

2. 把这两个词语组成一个生造的单词，用这个词语来激发出一个新产品的画面：这个产品是什么样子的？有什么用处？可以在哪里用？产品的目标客户群体是什么？

3. 根据这些问题去尽可能地创造出产品。

显示更少

所有评论（5）

写评论

Blitzdenker 2个星期前

“语言直觉”真是一个绝妙的激发创造力的方法，它尤其适合为一个产品系列制作新的产品，或者为一个特定的应用场景制作产品。

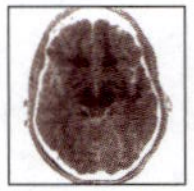

Hirnsturm 2个星期前

主要的是在一个团队里一起组合新的单词，寻找适合的使用途径是一件很有意思的事情。

Pedal-Fritz 1个星期前

这个方法最好的地方在于：它很管用！

去年我们想制造一种新的自行车配件产品，我们的词汇列表大概是这个样子：车轮、锁、刹车、配件、链条、背包、车架子、动力、流畅、瓶子、胶、刀、脚蹬、螺丝、工具、气门芯、充气泵、轮辐和车铃。通过这些词语我们创造出了一个新词：“气门芯背包”。以这个名字为灵感，我们发明了一个可以膨胀的自行车背包，在短途骑行的过程中空气会从包里出来，背包会变得更平，更符合空气动力学原理。几个月前我们的“气门芯背包”开始销售，而且销量很好。

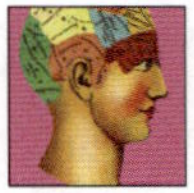

Miss Brain 5天前

这个方法也有不好的地方，就是无效劳动可能会比较多，因为并不是每个单词组合都能变成一个有用的点子。但是这个方法的优点更为明显，因为这种“语言直觉”的创造力会议不需要参与者做提前的准备或者相关的储备知识，就能够很快很容易地进行。

奥斯本清单

+ 我　搜索　图片　地图　应用　新闻　Gmail　网盘　日历　翻译　更多

Doofie　激发创造力的方法 奥斯本清单

网页　图片　地图　购物　图书　更多　搜索工具

1. **启发性单词分析**——通过单词得到灵感 | Thinkpedia
de.thinkipedia.org/methoden/reizwortanalyse
启发性单词分析是一种特别适用于启发各种疯狂灵感的激发创造力的方法。

2. **视觉举例法**——总是存在偶然 | Kreativität-Forum
www.kreativitäts-forum.com/visuelle+synektik
在视觉举例法中，通过偶然的视觉启发来突破思维定式。

3. **书写式头脑风暴**——更好的头脑风暴方式 | Denkmotor
www.denkmotor.com/brainwriting
书写式头脑风暴是头脑风暴的另一种形式，在这里想法不是通过口头表达出来，而是写出来的。

4. **语言直觉**——如何起个好名字！ | IdeaTube
www.ideatube.com/semantische-intuition
语言直觉这种创造力技术会先让人们为产品取一个名字，然后再找到一个对应这个名字的产品想法。

5. **奥斯本清单**——通过不断修正创造财富！ | Thinkpedia
de.thinkipedia.org/osborn/checkliste
奥斯本清单这种创造力技术尤其适用于对产品和流程的修正。

6. **客户效应矩阵**——从客户的角度来思考 | Kreativitäts-Forum
www.kreativitäts-forum.com/kundennutzen-matrix
客户效应矩阵这种创造力技术可以帮助您从客户的视角观察事物。

7. **提取逻辑概念**——您就不会偏离逻辑概念了 | Brainbook
www.brainbook.com/denkmotor+konzeptextraktion
提取逻辑概念这种创造力技术让您能够更加轻松地从第一个想法中提取出具体的解决办法。

创造力百科全书

奥斯本清单

奥斯本清单是一种通过设定特别的标准化问题而进行的激发创造力的方法，尤其适合在修改或改进产品和生产流程时候使用。这种方法的目标是通过创造出新的想法来为产品和流程提供更多的创造力支持。

目录（隐藏）

背景 (编辑)

亨利 · 福特曾经说过，“创造财富的不是发明，而是改进。”确实是这样的！ 90% 投入市场的创新，都是对已有产品、服务或生产流程的改进。只有 10% 的才是突破式创新。

在这样的背景下，亚历克斯 · 奥斯本（ Alex Osborn ）所谓的清单就尤其适用于优化已有的产品、服务或者生产流程，而对于创造一个完全新颖的点子并不太适合。这种方法的核心是对一个已有的解决方案进行系统地刨根问底式的询问。

流程（编辑）

奥斯本清单涉及对特定任务和相关问题进行系统性的解答，包括以下八个要点。

扩大？

还能再添加些什么？如何能够使其更加结实耐用？变得更大一些？更长一些？更重一些？更厚一些？增加内部成分的含量？

缩小？

哪些是可有可无的？再做小一些？紧凑一些？低一些？短一些？平一些？轻一些？能切分成更小的部分吗？

其他的使用可能性？

对于其他人或者目标客户群体是否有新的应用可能性？通过改变物体的样子创造新的使用可能？

适合吗？

它看起来像什么？还有什么其他想法？过去有类似的例子吗？能从中借鉴什么？有什么可以拿来当做成功案例学习的？

改变？

做一个新的样式吗？改变目标？改变颜色、声音、味道吗？

改造？

把各部分重新分组？改变顺序？变换因果？

前后颠倒一下？

目标产品的反面是什么？上下颠倒一下？角色调换一下？改变员工的岗位？重新安排流程的顺序？

组合？

尝试新的组合？新的分组？把几个部分合成一个？

作为脑图的清单 (编辑)

优点 (编辑)

- 奥斯本清单是为找到创造性的答案，并验证已有的方法（“我们一直都是这么做的！”）的一种系统方案。
- 系统性可以预防只关注第一个想法或者最好的点子而忽视问题其他方面的风险。
- 您可以随时随地与团队一起或者自己一个人运用这种方法。
- 因为系统性的好处，您可以随时打断寻找问题答案的，之后可以不用浪费时间，而是接着上次的断点继续进行。

缺点 (编辑)

- 要想在团队里使用奥斯本清单，刚开始需要一定的学习和时间的调整。
- 由于方法上的紧凑性，灵光一现以及完全新颖的或者其他形式的想法会比较少。

参考文献 (编辑)

• 亚历克斯·奥斯本:

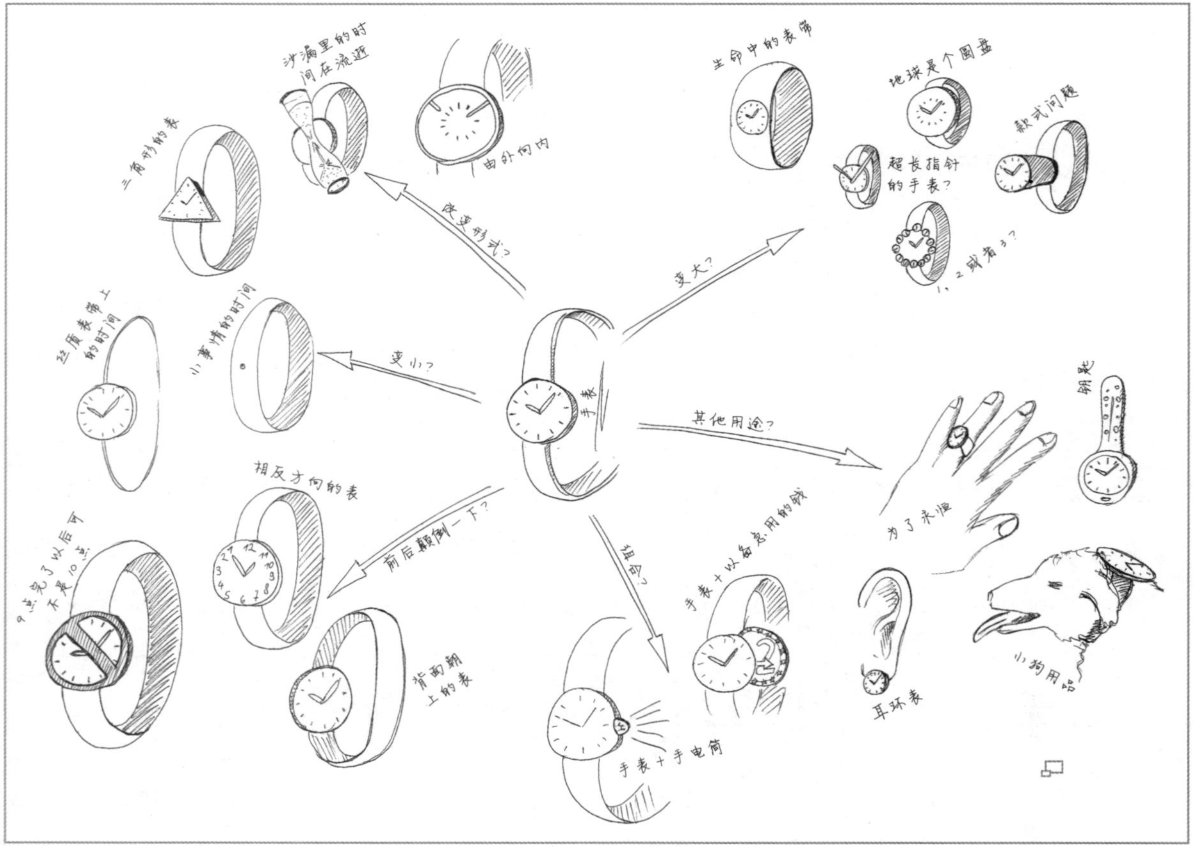

脑图形式的清单，图片

绘画来自：让-菲丽·哈格曼（Jean-Philippe Hagmann）

客户效应矩阵

+我　搜索　图片　地图　应用　新闻　Gmail　网盘　日历　翻译　更多

Doofie　激发创造力的方法　客户效应矩阵

网页　图片　地图　购物　图书　更多　搜索工具

1. **启发性单词分析**——通过单词得到灵感 | Thinkpedia
   de.thinkipedia.org/methoden/reizwortanalyse
   启发性单词分析是一种特别适用于启发各种疯狂灵感的激发创造力的方法。

2. **视觉举例法**——总是存在偶然 | Kreativität-Forum
   www.kreativitäts-forum.com/visuelle+synektik
   在视觉举例法中，通过偶然的视觉启发来突破思维定式。

3. **书写式头脑风暴**——更好的头脑风暴方式 | Denkmotor
   www.denkmotor.com/brainwriting
   书写式头脑风暴是头脑风暴的另一种形式，在这里想法不是通过口头表达出来，而是写出来的。

4. **语言直觉**——如何起个好名字！ | IdeaTube
   www.ideatube.com/semantische-intuition
   语言直觉这种创造力技术会先让人们为产品取一个名字，然后再找到一个对应这个名字的产品想法。

5. **奥斯本清单**——通过不断修正创造财富！ | Thinkpedia
   de.thinkipedia.org/osborn/checkliste
   奥斯本清单这种创造力技术尤其适用于对产品和流程的修正。

6. **客户效应矩阵**——从客户的角度来思考 | Kreativitäts-Forum
   www.kreativitäts-forum.com/kundennutzen-matrix
   客户效应矩阵这种创造力技术可以帮助您从客户的视角观察事物。

7. **提取逻辑概念**——您就不会偏离逻辑概念了 | Brainbook
   www.brainbook.com/denkmotor+konzeptextraktion
   提取逻辑概念这种创造力技术让您能够更加轻松地从第一个想法中提取出具体的解决办法。

KREATIVITÄT-FORUM.COM（创造力论坛）

论坛概览 | THINK TANK 注销　　搜索……　搜索

页码: [1] 到底端

> 主题: 客户效应矩阵

Think Tank
文章数: 4
加入论坛时间:
10月22日

文章 » 11月5日 15:49

自从我开始深入研究创造力这个主题，并使用激发创造力方法的时候，我在寻找想法的过程中就变得更加有效率了。

我现在想出的想法比以前更加疯狂，更加引人注目，真的是名副其实的“创造性”。但是有时候我也担心，我的这些想法会不符合客户的需求。

你们知不知道哪种激发创造力的方法能够确保我的创造力不会与客户的需要擦肩而过？

Selma Klug
文章数: 759
加入论坛时间:
9月30日

文章 » 11月5日 17:00

客户效应矩阵非常适合从客户的视角去寻找灵感。

这种方法的优点是能够从消费者的角度审视自己的产品。

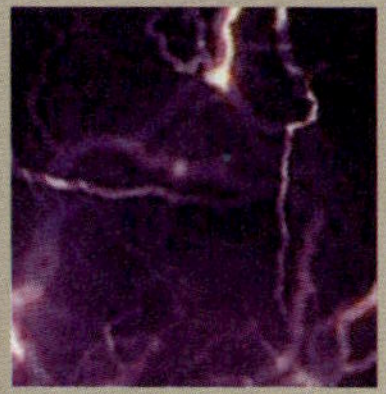

Geistesblitz
文章数: 561
加入论坛时间:
6月27日

文章 » 11月5日 17:22

我非常推荐客户效应矩阵的方法。

许多好的想法都是沿着客户体验链条找到的。

Think Tank
文章数: 5
加入论坛时间:
10月22日

文章 » 11月5日 17:45

具体来说我应该怎么使用客户效应矩阵?

Ozzy Osborne
文章数: 4788
加入论坛时间:
1月28日

文章 » 11月5日 17:22

坚持从客户效应驱力出发你就可以从客户的视角来优化产品或者服务。

客户效应矩阵的基础是，客户在使用一个产品或一项服务的时候需要经过多个流程步骤。比如这个流程可以从服务的信息到效果和支付，而这其中要完成多项步骤。这个方法的目的是找到具有创新性解答方法的起始点，这样就能够在这个过程中给予客户更多的支持，让客户获得更多的效用。

第一步，需要从客户的角度设定一个系统性的流程，你可以一步一步地画出客户在享受服务的过程中从开始到结束所体验到的感受。每个要点写到矩阵的一列当中。

第二步，针对对于客户效应来说特别重要的关键点提出一些问题。这些问题写到矩阵的每一行当中。

然后，你就可以从矩阵的每一格当中寻找想法。

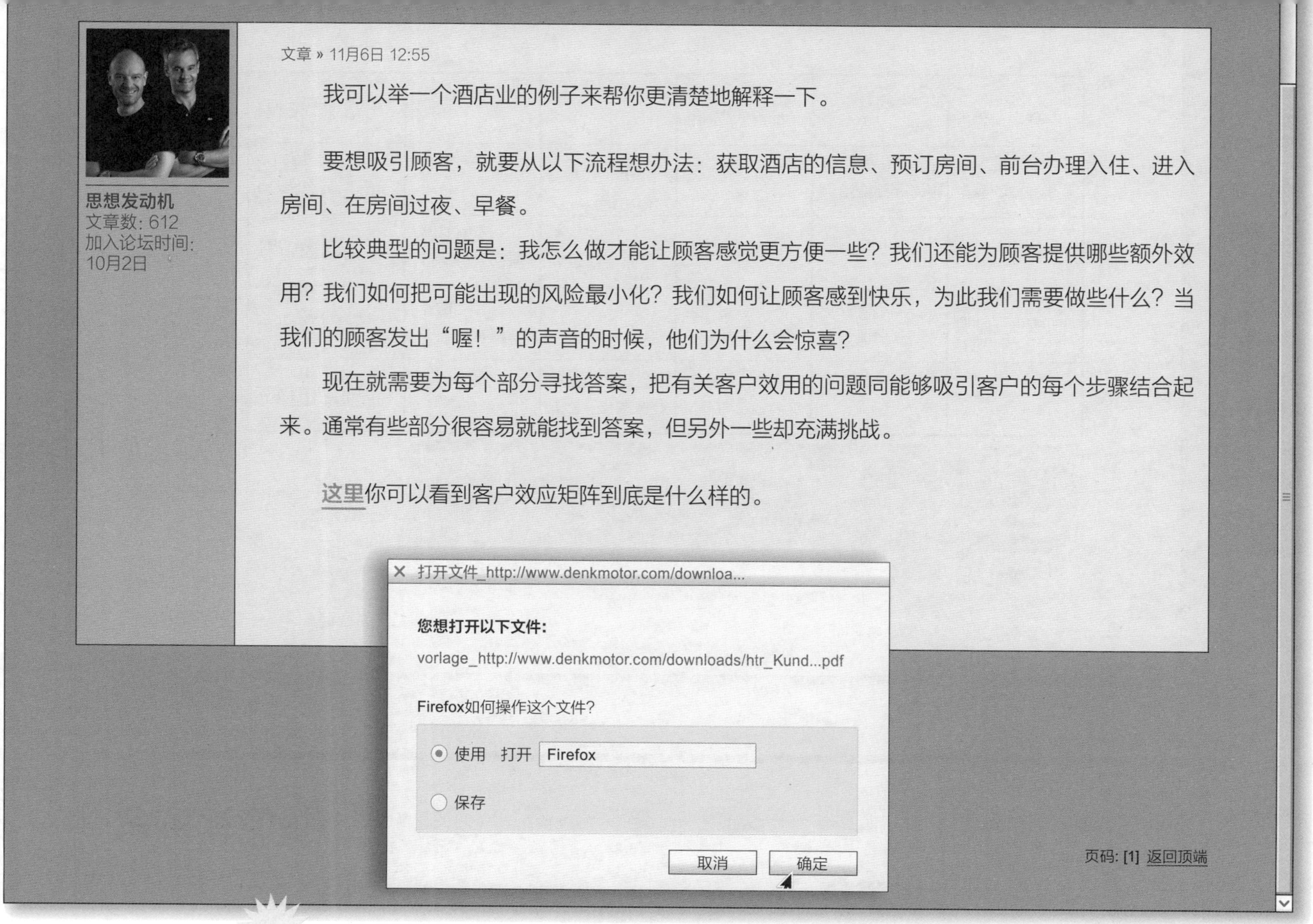
思想发动机
文章数：612
加入论坛时间：
10月2日
文章 » 11月6日 12:55
我可以举一个酒店业的例子来帮你更清楚地解释一下。
要想吸引顾客，就要从以下流程想办法：获取酒店的信息、预订房间、前台办理入住、进入房间、在房间过夜、早餐。
比较典型的问题是：我怎么做才能让顾客感觉更方便一些？我们还能为顾客提供哪些额外效用？我们如何把可能出现的风险最小化？我们如何让顾客感到快乐，为此我们需要做些什么？当我们的顾客发出“喔！”的声音的时候，他们为什么会惊喜？
现在就需要为每个部分寻找答案，把有关客户效用的问题同能够吸引客户的每个步骤结合起来。通常有些部分很容易就能找到答案，但另外一些却充满挑战。
这里你可以看到客户效应矩阵到底是什么样的。
打开文件_http://www.denkmotor.com/downloa...
您想打开以下文件：
vorlage_http://www.denkmotor.com/downloads/htr_Kund...pdf
Firefox如何操作这个文件？
使用 打开 Firefox
保存
取消
确定
页码：[1] 返回顶端

思想发动机

产品服务　日程　出版物　下载　公司　参考　博客

下载　　您在这里：顾客效应 —— 下载 ↓

思想发动机——客户效应矩阵

	获取酒店信息	预订房间	前台办理入住	房间过夜	早餐
变得更方便？		在网上不需要登录就可以预订	入住信息已经填好		
其他效用？	在线查看最新菜单		汽车在车库就可以洗	预先加热好的浴衣	在宣传页上写上当地庆典活动的信息
减小风险？	其他顾客的视频陈述	入住当天通过短信确认			
让顾客愉悦的因素？				给小朋友准备酒店玩偶	早餐的时候准备当天的笑话
让顾客惊喜？			用顾客的名字来欢迎顾客		早餐不限时

提取逻辑概念

+我　搜索　图片　地图　应用　新闻　Gmail　网盘　日历　翻译　更多

Doofie　激发创造力的方法　提取逻辑概念

网页　图片　地图　购物　图书　更多　搜索工具

1. **启发性单词分析**——通过单词得到灵感 | Thinkpedia
   de.thinkipedia.org/methoden/reizwortanalyse
   启发性单词分析是一种特别适用于启发各种疯狂灵感的激发创造力的方法。

2. **视觉举例法**——总是存在偶然 | Kreativität-Forum
   www.kreativitäts-forum.com/visuelle+synektik
   在视觉举例法中，通过偶然的视觉启发来突破思维定式。

3. **书写式头脑风暴**——更好的头脑风暴方式 | Denkmotor
   www.denkmotor.com/brainwriting
   书写式头脑风暴是头脑风暴的另一种形式，在这里想法不是通过口头表达出来，而是写出来的。

4. **语言直觉**——如何起个好名字！ | IdeaTube
   www.ideatube.com/semantische-intuition
   语言直觉这种创造力技术会先让人们为产品取一个名字，然后再找到一个对应这个名字的产品想法。

5. **奥斯本清单**——通过不断修正创造财富！ | Thinkpedia
   de.thinkipedia.org/osborn/checkliste
   奥斯本清单这种创造力技术尤其适用于对产品和流程的修正。

6. **客户效应矩阵**——从客户的角度来思考 | Kreativitäts-Forum
   www.kreativitäts-forum.com/kundennutzen-matrix
   客户效应矩阵这种创造力技术可以帮助您从客户的视角观察事物。

7. **提取逻辑概念**——您就不会偏离逻辑概念了 | Brainbook
   www.brainbook.com/denkmotor+konzeptextraktion
   提取逻辑概念这种创造力技术让您能够更加轻松地从第一个想法中提取出具体的解决办法。

brainbook

搜索人、地点和事情

思想发动机
修改个人主页

你在干什么？

发布

思想发动机
你们有兴趣来猜个题吗？
一个灌满水的玻璃杯怎么才能够把水弄出来，前提是不能触碰、晃动杯子，也不能把杯子弄坏？
喜欢 - 评论 - 分享 - 星期五 12:33

杰奎琳·莱曼（Jaqueline Reimann），莫妮卡·弗伦采克（Monika Frontzek），保罗·海梅尔（Paul Helmer） 和其他35个人喜欢

Dirk Lippe: 太难了！用吸管把水吸出来？
星期五 12:45 通过 手机 - 喜欢

G. Duld: 就让玻璃杯在那儿放这，最迟几年之后水就会蒸发完的……
星期五 13:44 - 喜欢

Susi Winter: 找个制冷的东西让水结冰，然后把冰块取出来。
星期五13:59 - 喜欢

Alex Osborn
Marianne Rubio
Alain Baumann
Dirk Lippe
G. Duld
Lisa Fieber
Susi Winter
Karl Angst
Count Gabba
Martin Rosenblut
Rafael Blaser
David Steiner
Jaqueline Reis

Martin Rosenblut: 拿一束花放到水里，然后等着花把水吸干。
星期五 14:22 通过 手机 - 喜欢

David Steiner: 不停地往里面放小石头，直到水全都溢出来。
星期五 14:39 通过 手机 - 喜欢

Rafael Blaser: 放一个气球进去然后往里充气，直到水全都出来。
星期五 15:26 - 喜欢

Lisa Fieber: 往水里灌水银！
星期五 15:55 通过 手机 - 喜欢

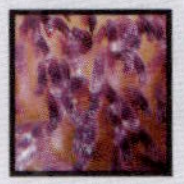
Jaqueline Reis: 真是个好题目！不过以我对你们的了解，这背后肯定有别的意思。
星期五 16:13 - 喜欢

brainbook

搜索人、地点和事情

思想发动机
修改个人主页

思想发动机: Jaqueline，联想得没错！用这个题目是想解释清楚“提取逻辑概念”这个概念。
星期五 16:42 - 喜欢

Karl Angst: 嗯，“提取逻辑概念”，听起来好像挺难的。
星期五 16:49 通过 手机 - 喜欢

思想发动机: Karl，别害怕，只是听起来比较复杂而已，主要涉及下面这些内容：优秀的思考者都有从宏观、抽象的层面来思考的能力。他们能在宏观和中观层面之间来回跳转，这就能够更加容易地找到创造性的想法。
星期五 17:00 - 喜欢

Karl Angst: 那这跟那道题有什么关系？
星期五17:07 通过 手机 - 喜欢

- Alex Osborn
- Marianne Rubio
- Alain Baumann
- Dirk Lippe
- G. Duld
- Lisa Fieber
- Susi Winter
- Karl Angst
- Count Gabba
- Martin Rosenblut
- Rafael Blaser
- David Steiner
- Jaqueline Reis

思想发动机: 我们来仔细地看一下上面这些答案。如果我们把这些答案总结一下，就可以得出三个逻辑概念。

1. 吸干或者吸出来

2. 蒸发或者汽化

3. 挤出来

有三种理念能把玻璃杯清空。如果我们理解了每种答案背后的逻辑概念，那么找出更多的方法对于我们来说就更加简单了。

星期五 17:18 - 喜欢

Martin Rosenblut: 有意思！那我应该怎么把“提取逻辑概念”运用到商业活动中？
星期五 17:28 通过 手机 - 喜欢

×

brainbook 搜索人、地点和事情

思想发动机

修改个人主页

思想发动机：　一个例子是，一家航空公司想提高往返于两座城市之间航班的乘客数量，在一次头脑风暴当中，一位员工提议，“我们夏天办个促销活动：小孩可免费乘机！”

一位市场部的女同事认为，这个提议虽然好，但是这种促销有点太呆板了。她问到，这一建议背后是否有一个明确的逻辑？在场的人很快就明白了：对特定群体的特殊票价！这时建议就变成了这样：带孙子孙女辈乘机的老人给予半价优惠，新婚夫妇的结婚旅行乘机只需要1欧元等。

当问题的答案只找到了一个，或者对答案不满意的时候，思考逻辑概念会很有帮助。这种方法叫做退一步来考虑，逻辑概念是什么？核心是什么？抽象概念是什么？如果这些都清楚了，那么其他的答案也就能够找到了。

星期五 17:47　-　喜欢

- Alex Osborn
- Marianne Rubio
- Alain Baumann
- Dirk Lippe
- G. Duld
- Lisa Fieber
- Susi Winter
- Karl Angst
- Count Gabba
- Martin Rosenblut
- Rafael Blaser
- David Steiner
- Jaqueline Reis

重新启动
关机

第7种需求：支持疯狂的想法

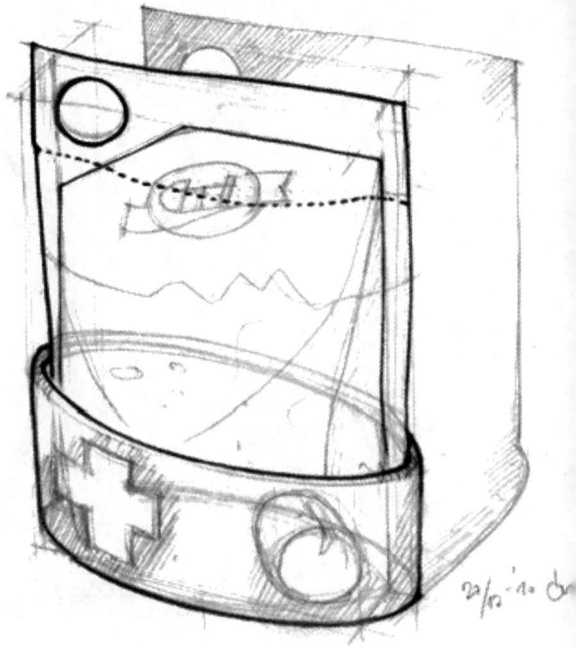

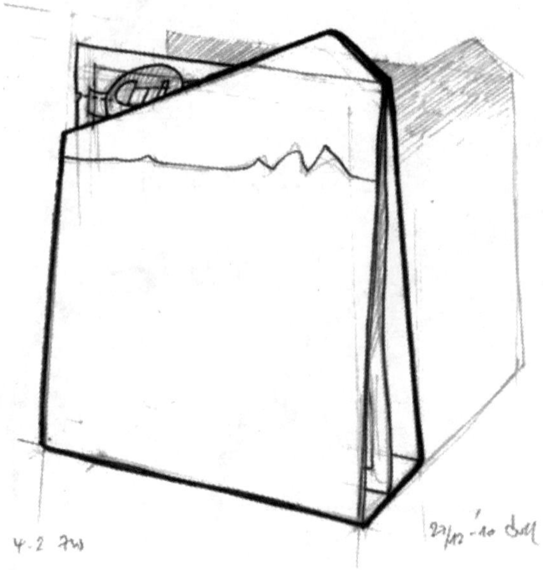

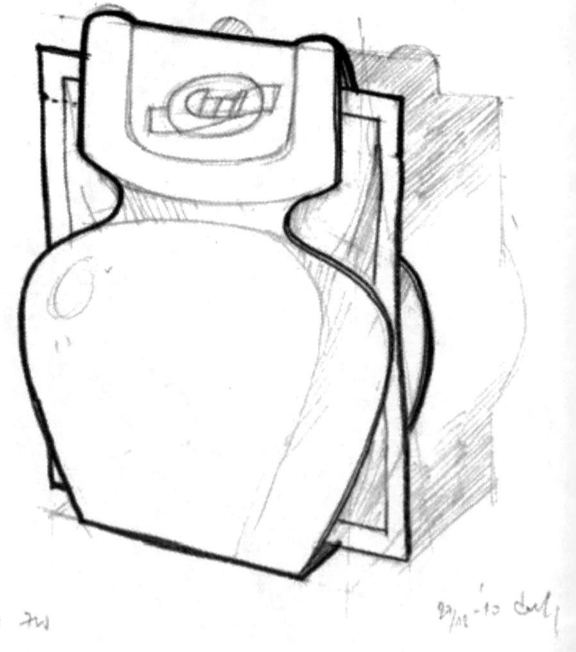

▶包装开发负责人碧蒂·多伦坎普◀

如果想有创造性地工作，就要开阔自己的想法。

碧蒂·多伦坎普是一位来自德国莱茵兰地区的充满热情的女性，尽管她大学原本学的是德语专业，并且一直把这个专业当作爱好来对待，但是实际上 17 年来她主要还是致力于包装行业的创新领域，她曾在 Lindt&Sprüngli 和 Mars 工作，五年前，她开始领导 Emmi 公司的奶酪包装开发部门。在这个领域，她和她的团队通过 Emmi-Chäsplättlis 成为包装行业的世界级明星。

碧蒂·多伦坎普，您第一次感觉生命中很有创造力是什么时候？**这个问题我没法回答，因为创造力是我的本能和生命中不可分割的一部分，不过我记得，我第一次思考得和别人不一样，大概是在中学五年级我的德语老师觉得我造的句子很差的时候，她觉得“小孩子的幻想很容易失控”。其他的时候我在家里都被叫作“有创意的人”。**

那么那种工作中需要的创造力，那些一旦拥有会让人很高兴或者非常重要的创造力呢？**这对我来说不是问题，创造力就是我生命的一部分。**

创造力对于您的企业来说有多重要？**Emmi 被称为欧洲最有创新能力的牛奶加工厂。之所以是这样，就是因为我们的开发部门把创造力看作是他们的金科玉律第一条。**

创造力是与生俱来的还是通过后天训练可以获得的？**这个问题也取决于个人，得看自己觉得创造性的想法很容易获得还是很难，但是创造力肯定是可以习得的，只要有正确的技巧和正确的方式，每个人都可以变得富有创造力。**

当您需要在团队里寻找新的想法的时候，您会经常使用一些获得创造力的技巧。难道通过传统的头脑风暴的方法不足以去创造新的点子吗？**头脑风暴是创造新观念的最著名的方法。这种方法的好处是每个人都了解，并且拿来即用，不需要讲解和引导，而且也不用担心身体接触。但是头脑风暴这种方法并不是对每个项目都同样适用，特别是对一些非常具体的问题，我想找寻富有创造力的答案，那么就需要一些别的方法。在一个对于涉及创造力的项目没有太多经验的团队里，使用一些新的方法同样有意义（比如启发性词语分析法），它能够帮助拓展思路。**

在寻找新想法的会议中，您遇到的最大挑战是什么？**在准备期间就已经有了第一个挑战：为会议去设定一个框架和清晰的目标十分重要。许多类似的会议之所以不成功，就是因为与会者不清楚他们应该做些什么。另一个挑战是挑选合适的参会者，他们的社交能力和专业能力都会对最终的成果产生影响。**

会议中主持人的责任重大，他必须把整个团队引导到正确的道路上来，并且利用他的能力灵活地应对各种意想不到的事情，比如某个人思想出现短路，不想再贡献自己的力量，或者只是想产生负面影响。

最重要的，也是最有挑战的，就是对想法进行评价。事后对想法的评价对于正确评估其潜力来说相当重要，而参与者在寻找想法的过程中也会感受到乐趣。通常这就涉及参与者的主观想法。但是一个好的想法在效用分析方法中也要通过“客观”事实进行评价。只有当这些因素都具备了，这个想法才能投放到市场中。

一方面是要找寻创造力的高点，另一方面又必须适应市场，您在实际操作过程中是如何权衡的？**创造力对于我来说并不是去找那个高点，而是探索广度和自由。人们一般看到的异样的东西，通常我都能接受。创造力对于我来说并不是一个“炫酷的形式”，而是为需求寻找有智慧的答案，从这点上来说，适应市场是很有必要的。**

问一个具体的问题：奶酪盘怎么包装才显得有创造性？**如果从消费者的角度来看，那么这个问题就很好回答。如果消费者就是想要这个奶酪盘，并且为了得到这种奶酪盘，愿意专门跑到商店去买。**

那什么时候不具有创造力？**其余所有情况。**

您如何在日常生活中把创造力和创新灌输到您的员工的头脑中？**我尝试着去做个榜样，如果连我自己都不能从创新和新的想法中获得乐趣，那么我更不可能会把创造性的思考方法传递给其他人。通过自身示范来激励他人只是第一步，接下来的就是：练习、练习、练习……**

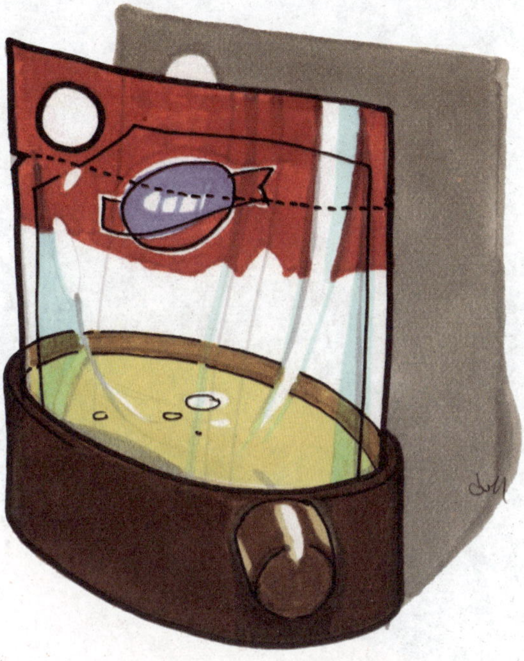

第四章 排气

引　言

欢迎回到本书！如果您能够在本书的最后一章开始之前及时合上笔记本电脑，真是太好了。

在开始之前，请允许我们再简短地总结一下之前的内容：“吸收”和“压缩”的部分已经埋下了创造力的火种，有了关于创造力不同方面的新的基础知识和看待某个问题核心的敏锐的观察角度，您不仅可以准确、安全地点燃创造力的火种，而且能够显著地加快寻找创造性想法的步伐。

在“点燃”这一章节，您通过检索提高创造力的不同技巧，很快地进入 Web 2.0 阶段，之后终于到了投入实战的一步。

在寻找灵感的时候，您会有意识地去找寻那些很疯狂的想法，因为您已经意识到，相对于从无聊的想法中获取那些能用的东西，不如从疯狂的灵光一现中寻找可以接受的想法。您努力在寻找点子的时候多从客户效用的角度出发。

此外，您还意识到，并不是每个想

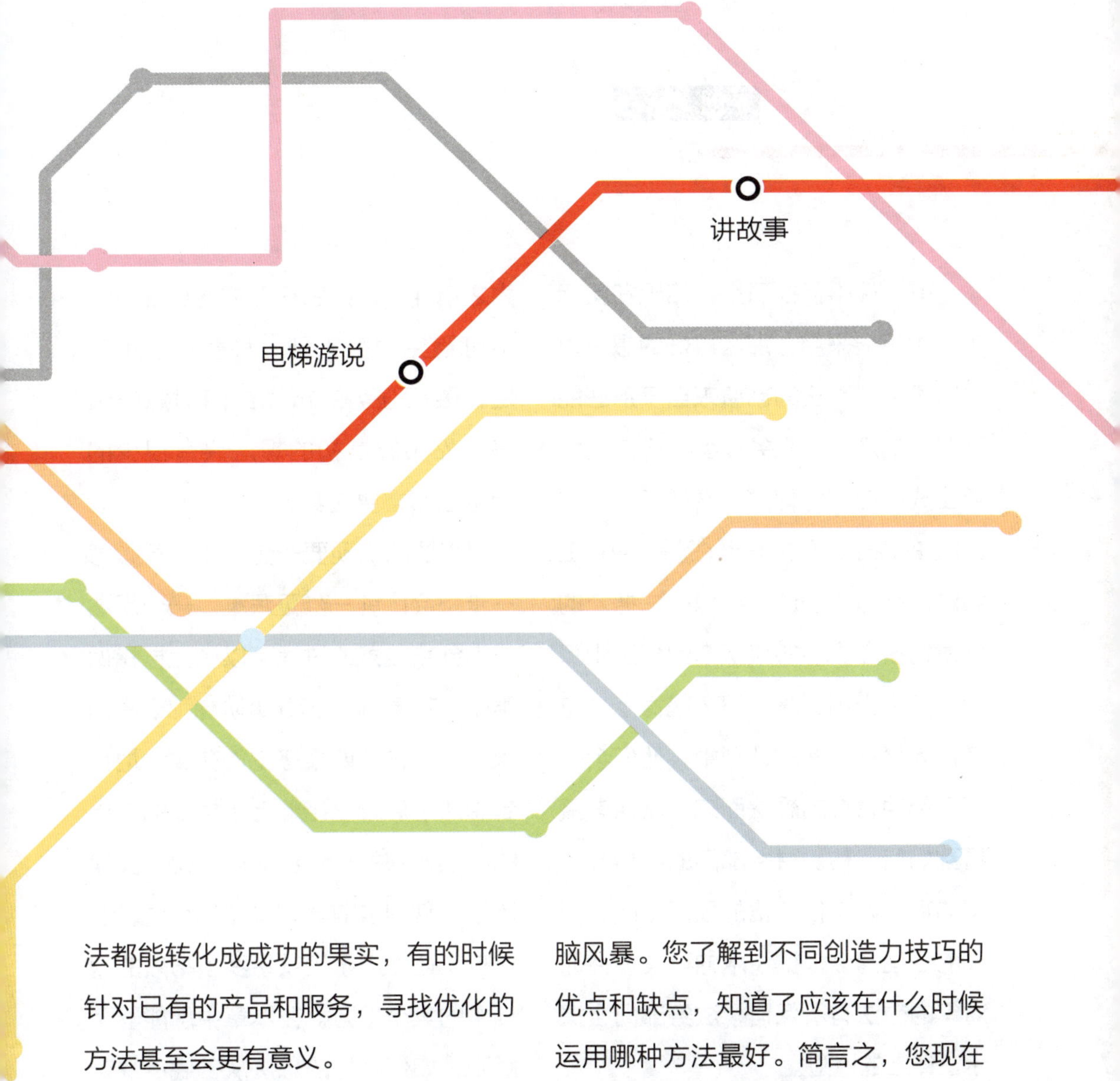

法都能转化成成功的果实，有的时候针对已有的产品和服务，寻找优化的方法甚至会更有意义。

通过采用激发创造力的技巧，您现在不仅仅只有一种方法，而是掌握了一系列的找寻创造力的技巧，您知道了面对每一种需要创造力的难题时，都有很好的方法来替代传统的头脑风暴。您了解到不同创造力技巧的优点和缺点，知道了应该在什么时候运用哪种方法最好。简言之，您现在掌握的技巧比以往都多。不过尽管如此，您也很清楚（您完全正确）：真正的工作现在才刚刚开始。

创 新

有一件事情很清楚，如果在实际工作中不能采用，那么再好的想法也没有价值。真正的创新来自于那些能够在新的产品、服务或者生产流程中真正成功应用的理念。当您不想让您98%的点子都只能在通往创新的路上艰难前行时，您还是要想办法把您的创意销售出去。如果从您的想法中真的能产生出创新来，那么就肯定会有其他人牵扯进您的计划中，他们会一下子都冲着您的想法而来，就像老鼠看到奶酪一样。财务部门的同事会为您的项目设定很严格的预算上限，内部的工程师会根据技术的可实现性而对您的想法有所保留，法务部门会提示法律上的风险。

所以您的想法需要保护，您必须为之奋斗，否则它在形成的过程中会不可避免地陷入到一种窘境。也就是，最后强势的市场部门同意的最终产品和您最初的想法只有很少的相似性和重要性。

想法的实现要一步一步进行，每一步都会比前一步更艰难。一个想法成为创新成果的过程可以和上楼梯做类比，就像有1 665级阶梯那么高的象牙塔一样。如果您觉得在成功地找到想法之后就已经爬上了楼梯的一半的时候，那您一定要对自己说：我搞错了！您其实连象牙塔都没有看到。您其实还在巴黎地铁星罗棋布般的网络中的某个地方。在本章中您能够了解到，如何将您的想法从谷底尽快带到符合市场要求的阳光下。

第8条规则：

尽快测试您的想法

范　例

您的想法很好！毫无疑问非常好！想法是原创的，思考了很长时间才得到的，正好符合客户的需求。市场的潜力很大，至少理论上如此。但是实际上，您的商业计划真的像您想的有那么多潜力吗？您只能在一个地方找到答案：实践中。您如此绞尽脑汁才想出的点子，花了这么多努力打磨商业计划，但是在商业实战中再好的想法也要经受考验。

商业机会不会提前获得百分之百的保证，如果要是真能这样，那么超市一半的新产品一年后就会卖空了。

如果您不想让您的新产品在进入市场时变得愈发艰难，也不想让您投入的资金打水漂，那么您就应该尽快让您的想法付诸实践。更加有意义的做法是，把更多的时间和精力投入到市场上一些小规模的和较为谨慎的测试上，而不只是不切实际地在温室般的办公室设计那个看似完美的商业计划。

提高创新成功的可能性并降低风险，最好的方法就是投入产品的样品。样品就是最终产品的最原始版本，这种样品并不一定必须要带有未来主义色彩，就像汽车行业总是带来令人兴奋的新款车型。有的时候只需要在餐巾纸上写下一个初步的构想，或者用造型纸做一个初步的原型。即使第一版的样品给人一种未完成的印象，那也是有好处的，因为相比于一个已经符合市场要求的样品，您从不完美的样品中不仅可以得到更多的反馈和相关的改进建议，而且还能省下一大笔开发费用。重要的是，只要思路变得清晰了，您就可以立马创造一个新的样品，越快做好样品，就能越早地给别人展示自己的想法，进行讨论和改进。这个样品还可以根据客户的反馈继续修改和细化，在这一试验期就能发现问题，早期的问题可以一步步解决。借助客户提供的有价值信息，产品成功的概率就会逐渐提高。另外样品还能增强团队前进的动力，因为能够看到实实在在的进步。另外，每个想法都会有适合的样品，一种服务可以通过角色扮演来启发灵感。您计划把饭店改造成喝汤的饭馆以及工作后的酒吧的合体？那么在您花重金长期租下酒吧之前，您需要先在所在城市的杂志里找到合适的宣传派对的宣传页投放广告。海报上也要多做一些花样，使用摩洛哥古斯米的图片而不是普通的汤，放一些世界性的音乐而不是 Techno Trance。这并不是说您真的要组织各种不同的派对，不同的人对海报的关注度的不同有助于让您了解到谁才是真正的目标客户。您要努力去准确找到您的想法中的核心要素，并且考虑一下，怎么能够花最少的钱去对这一想法的效果进行实际的测试。在您真的跳入冷水之前，要先做好热身运动。

您应该多在市场反馈上多投入一些，这很值得。

电梯游说

就像每天早晨您都坐电梯去您所在 10 层的办公室，就在电梯的自动门完全关闭之前，从外面伸过来一个光头皮鞋卡在了两扇门之间，这是一个穿着很高雅的人的鞋，他现在也进到电梯里了。您不敢相信自己的眼睛，这人是您个人最大的老板，是公司的老板，您基本上根本就看不到他，他一般也不会随便从您这样级别的员工身边经过。

这个机会终于来了，这一刻您梦想了好长时间，您知道，没有比这更好的推销您理念的机会了。您暗自咒骂您的办公室不在更高的楼层，那样的话就能多坐一会儿电梯。但是现在您只有 30 秒的时间，30 秒的时间您要决定是上升还是下降，30 秒之内您要让老板对您的想法产生兴趣，而且这种兴趣还要长久，老板愿意帮助这个想法变成实际的创新。您身上已经出汗了，这到底能成功吗？

必须要承认的是，这种场景更多的是发生在好莱坞电影里，而不是您的商业生活中。老板的秘书早就不是凶神恶煞的样子了，而重要的决定几乎很少会在电梯中做出。尽管如此，这样描述出的电梯场景是有其实际意义的。在如今每天都是日程满满的时代，空余时间越来越少。不管是在正式会面、电话中还是意外的碰面时要推销您的点子，您的时间都不多，而且肯定会少于坐电梯的时间。

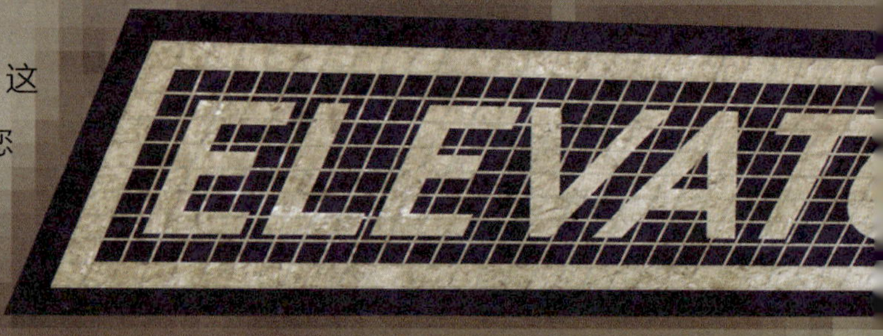

在极短的时间里尽可能多地介绍自己想法的优点的这门艺术，被称作“电梯游说”。这是一个典型的企业家使用的概念，他们要给潜在的投资人介绍自己的想法，以获得投资资金。

但对于您来说，“电梯游说”也是一种很有用的方法，因为您的想法总是会需要别人的支持的，这种支持这并不是说一定要来自投资人，而是要给委托人、上级和员工一定的保证。

“电梯游说”由于时间很短，所以就要求您仔细考虑清楚，对于您的想法来说，什么更重要。从这个角度来看，“电梯游说”与其他激发创造力的方法并无二致，都能帮助您理解问题，迅速找到解决办法，并说服对方。在准备“电梯游说”时，要搞清楚以下几个问题：通过“电梯游说”您想达到什么样的目的？您想争取到谁的支持？您能够解决顾客什么样的问题？满足顾客什么样的需求？您的想法叫什么？您的想法涉及的相关市场是什么？您的想法和别人的差别在哪儿？

“电梯游说”不仅仅需要介绍事实情况，您还要从感情上触及和打动对方，您必须赢得对方的注意，引起对方的兴趣和为你的点子最终埋单的意愿。这个过程可以总结成为“AIDA模式”（Attention 注意力，Interest兴趣，Desire 渴望，Action 行动）。重要的一点是，您也要为“电梯游说”制作交谈的模板。您可以试一下不同的版本。如果哪一个在“电梯游说”时很奏效，那您就记住这个版本。每次在做简短的展示的时候您都要信心十足，如果真的在电梯里碰到老板，那您也不要紧张得汗水直流。

讲故事

这部新款手机您值得拥有！

4.8寸AMOLED屏幕，1.4 GHz四核处理器都是旗舰配置。而且这款手机不仅硬件配置出色，而且还支持最大容量为64G的Micro SDXC存储卡，这保证了这部手机的性能足够强劲。因此，毫无疑问，这部手机绝对值得拥有，而且特别适合您！

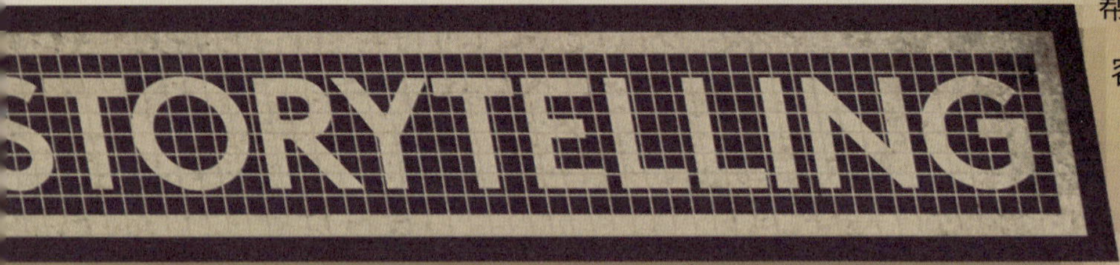

您没有说服对方？这个结果和大多数人的一样。购买决定几乎从来不是纯理性的，事实上总是受到感性影响，仔细的分析思考很少会出现在其中，这其中的一个原因是，我们的大脑很难吸收纯数字和陈述出的事实，它需要一些辅助办法把信息输入到意识中。一个很好的办法就是“讲故事”，在营销当中这个方法能够帮助把具体内容更加让人印象深刻地传递出去。“讲故事”就像交流中的润滑剂，让您更加容易地抓住对方的思想。它就像是一种传递的方式，把信息实实在在地送达目标群体的意识中。这个方法的技巧是，把事实和销售的原因包装到一个故事中，这个故事能够拴住顾客不让他们跑掉。故事能够激发情感，传递价值观。

故事能够在记忆中停留很久，因为故事可能会触及个人的经历，这样不用费什么力气就能够记住。一旦进入潜意识，那么对故事的理解就会不断加深，最好的情况下就能够刺激人们去行动。

那些传统的修辞方法——比喻、隐喻、对比——都能够帮助您避免做无用功，降低您的核心信息错过目标的风险。专门研究广告词的肖恩·道尔（Sean Doyle）解释道：“假设您打算向外界传递一个信息，女性在职场并未得到应有的认可。那么您可以使用这句话：女性在职场中并未得到应有的认可。或者您讲一下这个小故事：金格尔·罗杰斯（Ginger Rogers，美国女演员）做的事情同弗雷德·阿斯泰尔（Fred Astaire，美国男演员）一样，但是她总是排在后面，而且还得穿高跟鞋。很显然，第一句话更能切中要点，因为它陈述的是事实。但是哪句话能让留在人们的脑海中呢？提示：第一句话您已经忘记了。”

结论就是，将产品和服务赋予情感，让它们能够被感知到很重要。这不仅仅对于智能手机制造商和女权主义者很重要，对于您也同样重要。您要是想找到与您想法相关联的东西，那必须要学习把想法生动易懂地展示出来。如果怎么做都不成功，那您就去找个专家——也就是说那种很有经验的表演艺术家——看看他是如何通过一个故事来推销自己想法的。想出点子和推销点子的人并不一定必须是同一个人。

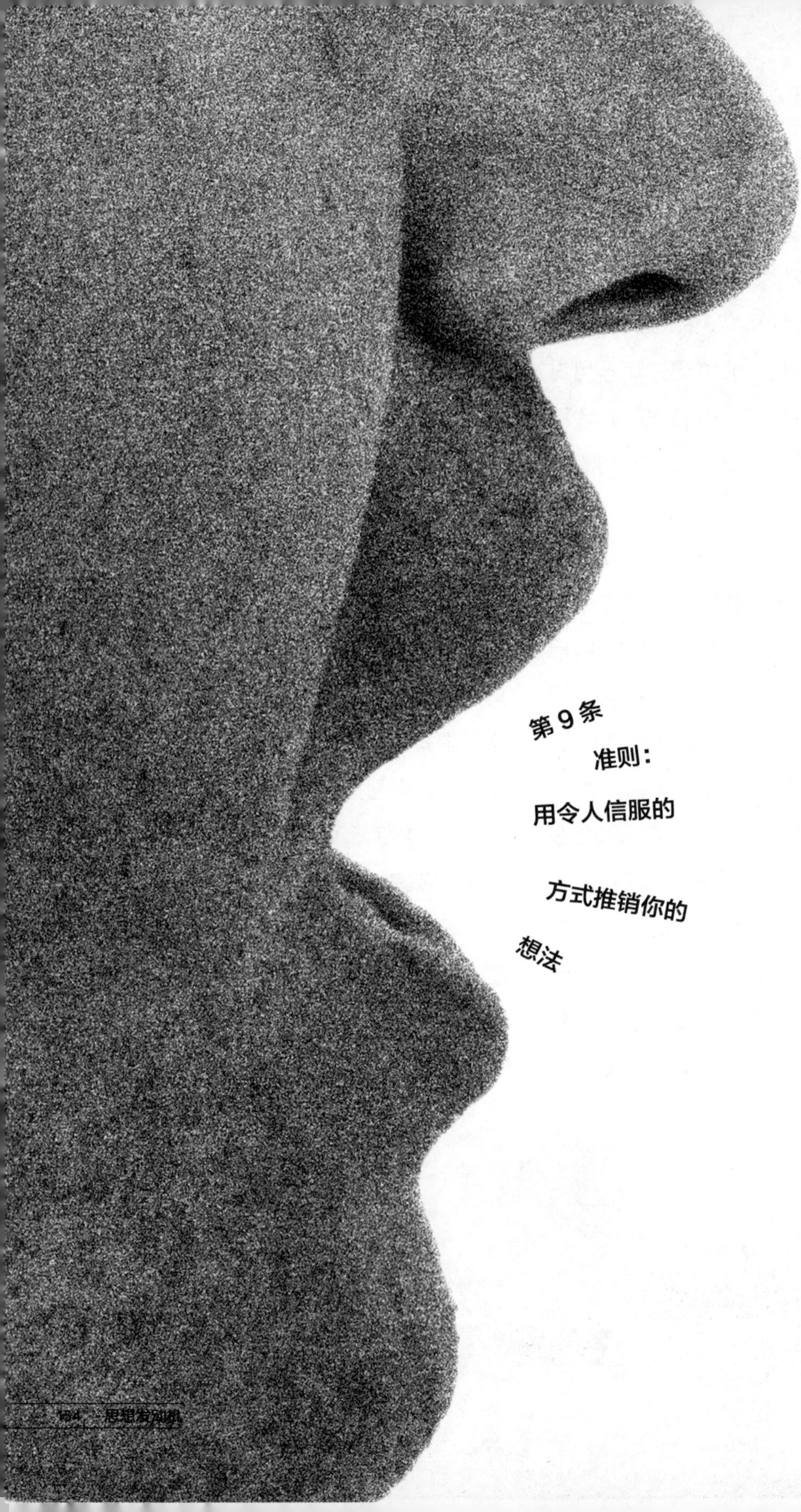

第9条准则：用令人信服的方式推销你的想法

企业家和投资人史蒂芬·莱乌曼

创新至关重要。

史蒂芬·莱乌曼从2001年起担任Collano Group的CEO，2008年起开始领导nolax AG，这家公司是Collano Group分支。Nolax称自己为黏合剂领域的一支经验丰富的团队，这家来自瑞士森帕赫（Sempach）的企业帮助孵化初创企业，这些初创企业都十分重视黏合技术的开发。史蒂芬·莱乌曼推崇一种较为极端且富有创新性的管理方式：管理越少越好，给予尽量多的信任。

史蒂芬·莱乌曼，您个人对创新的定义是什么？**对于我来说创新意味着“未来”。创新是我们思维和战略中不可或缺的核心，创新是趋势，是热门，是全世界的主题。在谷歌上有超过 1 100 万的搜索结果。**

创造力行为的秘密对我们而言有同样重要的两方面，一方面是扎实的手工技术。具有发明精神的托马斯·爱迪生认为，“创新不是灵感，而是汗水。”另一方面是有决心克服看似矛盾的东西，因为，“纯科学的理论可以完美证明大黄蜂不会飞，因为它违反了空气动力学原理，但大黄蜂不知道自己不会飞，所以它飞起来了。”

对于创新性的企业文化来说，什么事情是致命的？**最重要的是一个创新驱动的组织形式，发明家们的升职通道不应该被官僚的制度阻碍。如果在负责处理员工建议的部门人们需要先填表格，再复印七份，然后再复印五份签证，那肯定不会有创新出现。**

创新过程机制也要让大家都知道而且能够接受，也就是说，一百个想法中能够产生出十个项目，这十个项目中能有一个取得商业上的成功，有六个被放弃，还有三个处在成功和不成功之间。

您认为什么能够激发员工的创造力？**在一个创新性企业，强有力的领导力能够重建之前失败的团队，并鼓励他们走上一个新的发展阶段。这就像骑马一样，从马上摔下来并不丢人，重要的是能够再骑上去。**

我从个人的心理上来说一下，98% 的人想好好工作，不想对我撒谎、欺骗我，这样就能够建立起信任，员工并不需要知道这些，我会给他们创造很大地个人施展的空间，当然对他们也会有一些要求。在这种环境下，员工会很好地完成工作并取得成功。这能够让员工满意，而且能够激励并鼓励他们，便有兴趣继续前行。重要的是，员工能够从个人才华的施展、开发和市场营销等领域很好地有效率地开展合作。

金钱上的激励对于寻找创新性的解决方案有什么影响？**我反对用金钱来激励创新性工作，我并不认为金钱是创新的推动力，创新动力是要远超过金钱所能衡量的价值的。价格只能反映我们的一部分价值，而在生活和工作中我们每个人以及我们所扮演的角色的真正价值都是无法用金钱来衡量的。我们的思考和行为每天都影响和刻画着这些价值，并激励我们取得更高的成就。**

同样我也不认为，我们的员工是为了养活家里人才来工作的，我觉得为了工资而工作是理所当然的。给工作付酬劳，整个家庭就可以靠工资生活，如果工资提高了生活得就会更好，这些都没有问题。但这些都不是一个人在我这儿工作或者不在我这儿工作的原因。这还牵扯到一个分享盈利的问题。我父亲之前经常用分享盈利的方法，他尽可能多地把公司的份额同分享盈利体系挂钩。过了一段时间他就放弃了，因为他意识到，只要员工能够获得合理的收入，或者说只要他们的劳动成果能够很合理地获得报酬，是否分享盈利并不重要。这件事对他来说其实也没什么问题，因为金钱也并不是他最首要的动力。

现在 Nolax 正在筹划建造一个带有非传统式办公室设计的公司大楼。您认为什么样的工作环境最能够激发创造性灵感？**创造性灵感需要自由的空间、交流、沟通、跨界的团队等。在传统的办公室环境下，想法和点子只会在有些情况下出现，我们尝试通过 nolax 新建大楼中的非传统的工作环境来改变以前那种状况。**

领导者具体能够做些什么来改善创新文化？**作为企业的领导者我必须要创造一个自由的空间，员工能够在其中自由施展，发挥自己的才智。我需要建立一家全部都是由企业家组成的企业。**

激励我的员工去做不同尝试，即使犯了错也不必害怕要承担后果。

我必须做好承担风险和面对失败的准备。理解并接受创新的原则。

创新难道不是很昂贵吗？**什么叫昂贵？当然，创新和其他所有事物一样，需要一定的投资和前期投入。要是我真的想促进雄心壮志，那这是无法绕过去的。**

关于成功战略有各种各样的研究，所有这些都以一个问题结尾，这个问题通常有两种可能：一个能够取得长期成功的企业要么能够控制成本，取得价格上的明显优势；要么在技术上领先，在竞争力上取得优势。

第一种战略，即成本优势，在我们这里行不通，因为我们的体量太大了，因此我们必须集中力量在技术上取得领先。

因而，创新并不是钱的问题，而是一种基本的态度，一种未来战略和生存战略。如果能够做到这些，那么创新就并不昂贵，因为我收获了成功，并且能够长久地生存下去。

第10条准则：
如果您相信到最后能拥有一切，那么就从头开始尝试一次。

思想发动机背后的智慧

克里斯 · 布吕格（Chris Brügger）和伊日 · 舍雷尔（Jiri Scherer）十多年来一直在从事创造力的研究。2005 年开始，二人就一起合作，专注于“思想发动机”这一主题。

克里斯 · 布吕格曾在瑞士卢塞恩酒店学院（SHL）学习酒店管理，并在马耳他大学 Edward de Bono 学院完成了创新课程的学习，之后在瑞士企业经济学院完成了质量管理的后硕士学业（Nachdiplomstudium）。他曾在国内外酒店行业的管理岗位工作多年，曾是一家全球领先的酒店管理咨询公司的顾问。克里斯还用德语和英语进行创造力培训授课，主持创新工作坊，并开展关于“商业创造力”的互动式报告活动。

伊日 · 舍雷尔曾在卢塞恩经济学院学习企业经济学，并在苏黎世技术学院获得创新工程的硕士学位。他有十年主持创新工作坊和组织创造力课程的经验。伊日是高校的客座教师，并且是德国和奥地利许多培训机构的训练师。他曾获得 Gebert R ü f 基金会颁发的“新科技企业家奖”（New Entrepreneurs in Technology and Science Awards），同时是德国演讲者协会的成员（GSA）。伊日和克里斯撰写过五本有关创造力、创新和简化法的书籍，合作发表的相关领域的专业论文超过 70 篇。

参与本书翻译的人包括：

余冰、刘蕊、朱思宇、牛磊、丁盼盼、龚瑞、窦蕾、马旭霞、陈重强、黄芳萍、吴海燕、王臻、吴梦、夏倩。

参考文献

Brown, T.: Change by Design. HarperCollinsPublishers. 2009.

Bruhn,M.d;Strauss,B.:Dienstleistungsinnovationen.ForumDienstleistungsmanagement. Gabler Verlag, Wiesbaden.
1. Auflage 2004.

Chan, W. K.; Mauborgne, R.: Der Blaue Ozean als Strategie: Wie man neue Märkte schafft, wo es keine Konkurrenz gibt. Carl Hanser Verlag GmbH & Co. KG, 2005.

De Bono, E.: Serious creativity. Die Entwicklung neuer Ideen durch die Kraft lateralen Denkens. Stuttgart, Schäffer-Poeschel, 1996.

Kelly, T.: The Art of Innovation. HarperCollinsBusiness. 2002.

Novak,A.:SchöpferischmitSystem.KreativitätstechnikennachEdwardde Bono. Heidlberg. Sauer-Verlag, 2001.

Scherer, J.; B., C.: Kreativitätstechniken: In 10 Schritten Ideen finden, bewerten, umsetzen. GABAL Verlag, 2007.

Schlicksupp, H.: Ideenfindung. Würzburg: Vogel Buchverlag, 2004.

TheCopyBook:DiebestenWerbetexterderWelterzählen,wiesieihreTexte schreiben. Taschen GmbH, Köln, 2011.

Vahs, D.; Burmester, R.: Innovationsmanagement. Von der Produktidee zur erfolgreichen Vermarktung. Schäffer Poeschel Verlag, Stuttgart. 2. überarbeitete Auflage, 2002.